职业教育酒店管理专业校企"双元"合作新

餐巾折花艺术

主 编◎谢 强 谢廷富 李 青
副主编◎王秀娟 王良艳 邹 薇 李 双

重庆大学出版社

内容提要

本书由重庆市酒店行业协会携手酒店行业专家与相关职业院校骨干教师共同编写而成，旨在为职业院校酒店管理专业的学生及酒店从业人员提供全面的理论和技术指导。餐巾折花是中餐优秀传统文化的一部分，也是餐饮从业人员的基本功。本书将从餐巾的历史与文化、餐巾材质的辨别、餐巾折花的基本技法、精致餐巾花的折法、餐巾花的命名等方面进行阐述。全书注重实用性，配套了大量的图片和视频，以方便读者学习。

图书在版编目（CIP）数据

餐巾折花艺术 / 谢强，谢廷富，李青主编. -- 重庆：
重庆大学出版社，2025.7. -- （职业教育酒店管理专业
校企"双元"合作新形态系列教材）. -- ISBN 978-7
-5689-5158-6

Ⅰ . TS972.32

中国国家版本馆 CIP 数据核字第 20250FD994 号

餐巾折花艺术
CANJIN ZHEHUA YISHU

主 编 谢 强 谢廷富 李 青
副主编 王秀娟 王良艳 邹 薇 李 双
策划编辑：顾丽萍

责任编辑：张红梅　　版式设计：顾丽萍
责任校对：关德强　　责任印制：张 策

*

重庆大学出版社出版发行

社址：重庆市沙坪坝区大学城西路21号

邮编：401331

电话：（023）88617190　88617185（中小学）

传真：（023）88617186　88617166

网址：http：//www.cqup.com.cn

邮箱：fxk@cqup.com.cn（营销中心）

全国新华书店经销

重庆华林天美印务有限公司印刷

*

开本：787mm×1092mm　1/16　印张：4.5　字数：88千
2025 年 7 月第 1 版　　2025 年 7 月第 1 次印刷
ISBN 978-7-5689-5158-6　定价：25.00元

编委会

主 任：谢廷富

编 委：（排名不分先后）

艾佩佩　冯　兰　刘　轶　江巧玲

杜小峰　李　双　李　青　李　琦

肖　玲　邹　薇　罗达丽　周　霞

周李华　胡　勇　徐　瑛　殷开明

郭艳芳　黄　强　谢　强

总序

职业教育与普通教育是两种不同的教育类型，具有同等重要的地位。随着中国经济的高速发展，职业教育为我国经济社会发展提供了有力的人才支撑和智力支撑。教材作为课程体系的基础载体，是"三教"（教师、教材、教法）改革的重要组成部分，也是职业教育改革的基础。《国家职业教育改革实施方案》提出要深化产教融合、校企合作，推动企业深度参与协同育人，促进产教融合、校企"双元"育人，建设一大批校企"双元"合作开发的教材。

酒店管理是全球十大热门行业之一，酒店管理专业优秀人才一直紧缺。酒店管理专业是职业教育旅游大类中的重要专业，该专业的招生和就业情况良好，开设相关专业的院校众多，深受广大学生的喜爱。酒店管理专业的课程具有很强的实操性。基于此，在重庆大学出版社的倡议下，重庆市酒店行业协会党支部书记、常务副会长兼秘书长谢廷富老师自2020年开始牵头组织策划本系列教材，并汇聚了一批酒店行业的业界专家与职业院校的优秀教师，共同编写了这套职业教育酒店管理专业校企"双元"合作新形态系列教材。

本系列教材具有以下几个特点：

1. 校企"双元"合作开发。为体现职业教育特色，真正实现校企"双元"合作开发，本系列教材由重庆市酒店行业协会牵头组织，邀请了重庆市酒店行业协会、重庆市导游协会、重庆市渝州宾馆、重庆圣荷酒店、嘉瑞酒店、华辰国际大酒店、伊可莎大酒店等行业（企业）的技能大师和职业经理人，以及来自重庆旅游职业学院、重庆建筑科技职业学院、重庆城市管理职业学院、重庆工业职业技术学院、重庆市旅游学校、重庆市女子职业高级中学、重庆市龙门浩职业中学校、重庆市渝中职教中心、重庆市璧山职教中心等院校的优秀教师共同参与教材的编写。本系列教材坚持工作过程系统化的编写导向，以实际工作岗位为基础组织编写内容，由行业专家提供真实且具有操作性的任务要求，增加了教材与实际岗位的贴合度。

2. 配套资源丰富。本系列教材鼓励作者在编写时积极融入各种数字化资源，如国家精品在线开放课程资源、教学资源库资源、酒店实地拍摄资源、视频微课等。以上资源均以二维码形式融入教材，达到可视、可听、可练的要求。

3. 有机融入思政元素。本系列教材在编写过程中将党的二十大精神、习近平新时代中国特色社会主义思想以及中华优秀传统文化等思政元素与技能培养相结合，着力提升学生的职业素养和职业品德，以体现教材立德树人的目的。

4. 根据教学需要，本系列教材部分采用了活页式或工作手册式的装订方式，以方便教师教学使用。

在酒店教育新背景、新形势和新需求下，编写一套有特色、高质量的酒店管理专业教材是一项系统而复杂的工作，需要学者、专家、业界和出版社等的广泛支持与集思广益。本系列教材在组织策划和编写出版过程中得到了酒店行业内学者、专家以及业界精英的广泛支持，在此一并表示衷心的感谢。希望本系列教材能够满足职业教育酒店管理专业教学的新要求，能够为中国酒店教育及教材建设的开拓创新贡献力量。

编委会

2023 年 9 月 18 日

前言

小小餐巾花，变化无穷大。餐巾折花技法是餐饮服务人员的基本功，也是体现服务能力和管理水平的一个标志。目前，人们的审美水平逐渐提升，市场对餐饮服务的要求也越来越高，合理地利用餐巾花可以帮助我们提升服务质量。同时，餐巾花也是我国餐饮文化中的重要传统艺术形式，餐饮服务人员有责任和义务将其发扬光大。

本书的编写旨在顺应市场对新时代餐饮服务的变革需求，融合"1+X证书制度"对教学的改革需求，推动"岗课赛证"的教学模式。本书由重庆市酒店行业协会组织酒店行业专家和相关职业院校骨干教师共同编写而成，旨在为酒店管理专业的职业院校学生及酒店从业人员提供理论和技术指导。本书本着"理论够用，技能实用"的原则，注重实操，配套了大量的图片和视频。全书共分为三个项目：固本培元——餐巾花的基本知识、初学乍练——餐巾折花入门、能工巧匠——餐巾折花提高。每个项目分为若干任务点，相信能够让读者学有所获。

本书贯彻了实用、先进、科学、规范的理念，既可作为高职旅游酒店类专业的学习用书，也可用于酒店餐饮行业的培训。

本书由重庆旅游职业学院谢强、重庆市酒店行业协会谢廷富、重庆市酒店行业协会李青联合主编。重庆旅游职业学院王秀娟、重庆旅游职业学院王良艳、重庆市旅游学校邹微、重庆市璧山职业教育中心李双担任副主编。谢强对全书进行统稿和审订。本书的出版得到了重庆市酒店行业协会、重庆市现代酒店产业学院的支持，以及重庆市现代学徒制试点专业等项目的资助，是重庆市教委科技项目（KJQN202204603）、高职院校教师教学创新团队的阶段性成果之一。

由于编者水平有限，同时餐巾折花本身并非"精准科学"，书中难免存在疏漏之处，敬请广大读者批评指正，我们将在今后进一步改进。

编　者
2024 年 10 月

目 录

固本培元——餐巾花的基本知识

✏️ **学习目标**

- 了解餐巾的历史文化知识及其作用。
- 掌握辨别不同的餐巾材质的方法。
- 掌握餐巾花与宴会的搭配技巧。

✏️ **知识点**

餐巾历史文化；餐巾材质选择；餐巾折花的注意事项；餐巾花与宴会搭配技巧。

✏️ **案例导入**

小小餐巾传递无限关爱

在某高端餐厅的包房内，服务人员正在为今晚的宴会开餐做准备。包房内灯光明亮，餐具干净、摆放整齐，服务人员穿着整洁的制服在门口迎宾。餐厅主管在巡视的过程中来到了这个包房，马上让服务人员将餐巾花改成了蜡烛和寿桃的造型。原来，今晚的宴会是一位70岁寿星的生日宴。晚上客人到位后，服务人员还特意为客人讲解了餐巾花的寓意，并且祝福寿星生日快乐，获得了客人们的称赞。

任务一 餐巾历史与文化

一、餐巾的历史

（一）西方国家餐巾历史

关于餐巾的历史，国内外的起源不同。目前，西方的餐巾历史起源已无法考证，其可考历史最早可追溯到公元 1500 年左右，那时欧洲盛行餐桌台布，这一习俗在许多传世的美术作品中均有所体现。当时的餐桌台布和宴席台布长及地面，非常实用。人们在就餐时，不仅可以用台布的拖垂部分护衣，还能拿它来擦嘴和擦手。大约在 13 世纪以前，欧洲人在进食时都用手直接抓取食物。在用手直接取食时，还遵循一定的规矩：罗马人以使用手指头的多寡来区分身份，平民是五指并用，有教养的贵族则只用三根手指，无名指和小指是不能沾到食物的。这一进餐规则一直延续到 16 世纪，为欧洲人所奉行。

这种用手进餐的习惯，直到 16 世纪法国享利二世王后凯瑟琳·德·美第奇时代才得以改变。享利二世王后酷爱美食，因此重金从意大利雇了大批技艺高超的烹调大师，在贵族中传授烹调技术，不仅使宫廷、王府的菜点质量显著提高，同时也使烹饪技法在法国广为流传。与此同时，她还明文规定了用餐规则，如用手抓食、舔手或用上衣擦手都是不文明行为，只有用桌布擦手才是有礼貌的。逐渐地，人们发现桌布太大不好移动，在使用过程中不方便，因此，在 18 世纪左右，欧洲贵族中出现了从桌布分离出来的"餐巾"，不过当时的餐巾的使用方法和现在不同，那时候，人们是将餐巾掖在脖领里，类似于小孩的"围嘴"。

随着工业革命在英国兴起，英国资产阶级发展迅猛，积累了大量的财富，他们在生活方面的享受也日趋奢靡。到了 19 世纪的维多利亚女王时代，英国贵族的享受达到了全盛时期，以英国为主的欧洲各国开始发展各种餐桌礼仪，对于用餐时的穿着、座次等都有明确规定，那种繁文缛节的程度不亚于中国清王朝的皇宫。在这些礼仪规定中，餐巾的使用也是一个重要的组成部分，此时的餐巾已经明确规定要放在大腿上了。按照礼仪规定，餐巾一般不掖在脖领里，因为那样会破坏人们盛装赴宴的形象。毕竟，当时的贵族服装可是十分华丽的。

根据礼仪规定，用餐开始后，餐巾自始至终都应放在大腿上。在用餐过程中，宾客不时地拿起它的边角来擦净嘴巴。尤其是端杯喝酒前要擦净嘴巴，否则杯子上会留下清晰可见的油渍，影响美观。在与其他客人交流时，也必须先用餐巾擦嘴。用餐结束后，可将餐巾轻轻揉成一团或折叠起来，放在桌子上。如果中途离席，可以将餐巾用过的一面叠到里面，干净的一面朝外，暂放在椅子上。西餐的餐巾礼仪至此延续至今。

（二）中餐的餐巾历史

在中餐的历史中，餐巾最早称作"巾"。《周礼集说》曾言："幂人，奄一人，女幂十人，奚二十人掌共（供）巾幂。祭祀，以疏布、巾幂八尊，以画布、巾幂、六彝，凡王巾皆黼（fǔ）"。《周礼》是我国儒家经典，是西周时期的著名政治家、思想家、文学家、军事家周公旦所著，这本书用于规范周朝的制度和礼仪规范，"天官"即周朝设置的官名，也就是说早在公元前一千多年我国就有了专门从事餐巾、桌布等布草管理的官方职位。东汉末年的儒学大师郑玄对此进行了批注和解释，他认为周天子在日常筵宴上使用绣有黼的巾，以遮盖食物。黼，是一种花纹，旧时常绣于礼服上，黑与白两色相间，形状如斧形。"黼"也代表了周人的尚武观念。

到了唐宋时期，餐巾被称为"食单"。唐朝著名军事著作《太白阴经·卷五》军资篇第六十一记载了"赏赐马鞍辔、金银衔辔二十具……帐设锦褥一十领、紫绫褥二十领、食箪四十张、食器一千事"。其中，"食单"就作为奖励赏赐给有功的军士。宋朝诗人虞俦的《戏书·淮南猪肉不论钱》诗中有"淮南猪肉不论钱，下舍应须数击鲜。过午食单毋溷（hùn）我，饭来开口亦欣然"，描述的也是"食单"作为餐巾的使用功能。宋人钱易《南部新书》载："范指座上紫丝食单曰：'颜郎衫色如是'。"范氏通过指座上的紫丝食单来暗示颜鲁公的官阶品级，这里的"紫丝食单"有明显的用色和材质描述，表明到了宋代餐巾的颜色的使用已经有了比较明确的等级划分，老百姓是不能僭越这些制度的。餐巾的制度到了清朝变得更加明显，餐巾有了新的称谓——"怀挡"。清朝入关前，作为游牧民族的满族没有使用餐巾的习惯，但是随着入关之后，生活逐渐稳定，生产发展，贵族追求奢侈豪华，尤其是皇宫中宫廷筵宴日渐讲究排场，餐巾或怀挡便成为贵族生活中不可或缺之物。此外，它还具有独特的表意功能：只有皇帝才能使用明黄色绸缎，以及绣有龙和福寿图案的怀挡。怀挡的形制有方形、长方形等不同款式，方形怀挡的一角有一环形扣鼻，使用时将它扣在衣服领子下第一个扣上，怀挡自然垂下、展开。长方形怀挡上方为圆领口形，两端围在脖子后面，下幅自然垂下、展开。怀挡一般为双层，里子为薄质素纺丝绸、素绫等，面料的材质则根据不同场合、不同节令、不同使用者而定。在年节、四时节令、生育、寿辰、婚嫁和丧葬等重大场合，怀挡的材质和纹饰则根据不同节令和人事的主题来确定。

怀挡的用色、纹饰严格遵循《大清会典》的规定，按等级用色，在重大场合所用的怀挡中体现得尤为明显。在故宫博物院中有一件黄绸绣彩龙凤纹怀挡，是皇帝大婚喜宴的御用品。该怀挡以明黄色素绸为底料，五彩丝线绣龙凤、团寿字、双喜字、蝙蝠、祥云、仙鹤、梅花鹿、佛教八宝（宝瓶、宝盖、双鱼、莲花、右旋螺、吉祥结、尊胜幢、法轮）等，边饰为"卍"字曲水、缠枝葫芦等纹饰，意喻龙凤同和、喜庆大吉、鹤鹿同春、洪福万寿、福禄万代等，是皇帝大婚时喜庆筵宴的御用怀挡，是光绪朝精品刺绣之一，代表着这一时期刺绣艺术的最高水平。

知 识 链 接

资料来源：故宫博物院

1. 蓝色缎平金绣蝠云纹棉怀挡

此怀挡为蓝色缎平金绣蝠云纹棉怀挡，款式为挖空的大如意云头式样，以绦带镶边。上端系挂处为扣襻式样，并缀以月白色系带。与日常使用的方形怀挡不同，这种式样更为活泼。

此件怀挡曾存放于慈禧皇太后居住过的西六宫太极殿内，或为其所使用。

2. 黄色缂丝鹤鹿金龙纹怀挡料

缂丝，自古就是高档丝织品，有"一寸缂丝一寸金"的说法。缂丝作为生活实用品，除皇帝、皇后的御用服饰外，亦见于宫廷室内的装饰铺垫等处。缂丝织物的尊贵在于繁复的"通经断纬"织物组织结构，即以本色丝为经线，彩色丝为纬线，以小梭装纬，依图稿用拨子等工具与经线交织。其小梭的纬线并不贯穿全幅，只织所需色块，图案变化及晕色均需换梭，因此会呈现小空隙或断痕，即所谓"承空视之，如雕镂之象"。缂丝技法有平缂、戗缂、环缂、长短戗、木梳戗、凤尾戗、搭梭等，工艺十分繁复。将缂丝用作怀挡，尤显奢华尊贵。如此件缂丝怀挡，用色多达数十种，织造时需频繁换梭，每梭或平缂或搭梭，均需巧施缂技，灵活运梭，方可达到抚之平滑、视之立体、工艺精致细腻的境界。

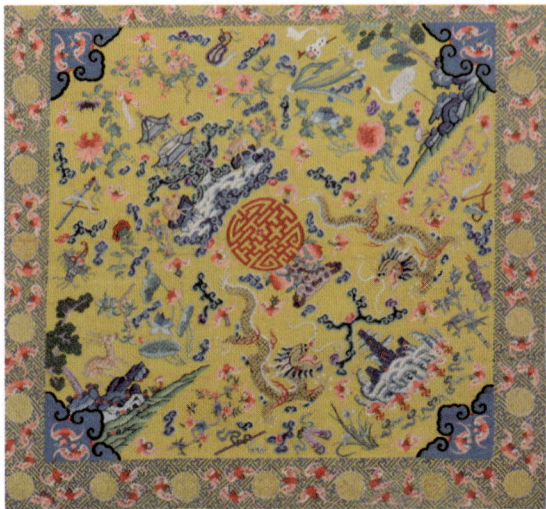

资料来源：故宫博物院

任务二　认识餐巾材质

一、餐巾的分类

目前，市面上常见的餐巾面料以纺织纤维为原料，经过纺纱、织造、染整等加工而成，通常有以下七种分类。

（一）按照餐巾使用的纤维原料分

（1）天然纤维餐巾。这类餐巾使用的纤维来源于天然材料，如棉、毛、麻、丝等，是最常见的。纯棉餐巾的吸水性和去污能力都比较强，经过浆洗、熨烫后，比较挺括，造型效果比较好。纯棉餐巾的缺点是清洗和保养比较麻烦，需要经常上浆、熨烫以保持挺括。相比之下，棉麻混纺的不用上浆也能保持挺括。

（2）化学纤维餐巾。这类餐巾采用的是以天然或人工合成的高聚物为原料，经过化学处理和机械加工而制得的化学纤维，包括再生纤维和合成纤维。再生纤维织物有竹纤维、莫代尔纤维、大豆纤维等。合成纤维包括涤纶、锦纶、腈纶、丙纶等。化学纤维的餐巾颜色比较亮丽，具有较好的光泽度，餐巾表面比较平整，易于折叠和清洗，且无须上浆熨烫。但其缺点是没有棉和棉麻的餐巾可塑性强，而且吸水性比较差，去污能力不强，手感相对粗糙。

（二）按原料组成方式分类

（1）纯纺织物餐巾是指由同一种纤维原料的纱线织制而成的织物餐巾，根据使用的纤维原料可以分为纯天然纤维织物餐巾和纯化纤织物餐巾。

（2）混纺织物餐巾是由两种或两种以上的纤维原料混合纺制的纱线交织而成的织物餐巾。混纺织物餐巾可体现组成原料中各种纤维的优越性能。如涤棉混纺、棉麻混纺、毛腈混纺等。

（3）交织织物餐巾是指经纬纱采用不同纤维原料的纱线或长丝织制而成的织物餐巾。如经纱用蚕丝、纬纱用毛纱的丝毛交织物餐巾，经纱用涤纶丝、纬纱用粘胶股线的涤粘交织物餐巾。这类餐巾由于容易挂丝和破损，因此在实际使用中较为少见。

（三）按织物风格分类

（1）棉型织物餐巾是指用棉型纱线织制而成的织物餐巾。虽然叫做棉型织物，但是原料不一定局限于棉纤维，也可以是化纤或混纺短纤纱。这种织物餐巾的特点是手感柔软，光泽柔和，外观朴实自然。

（2）毛型织物餐巾是指用毛型纱线织制而成的织物餐巾。这种织物餐巾所用纤维较长较粗，原料不一定局限在毛原料，也可以是化纤原料，或是毛与化纤的混纺原料。毛型织物餐巾的特点是蓬松、丰厚、柔软。这类织物较少用于餐巾，因为不太好造型，而且清洗难度较大。

（3）丝型织物餐巾是指用天然丝或化纤长丝织制而成的织物餐巾。丝型织物餐巾色泽鲜艳、光泽好，表面光洁，手感滑爽，悬垂性好。根据原料分常见绫、罗、绸、缎、绉、纱、锦、绨、葛、呢、绒、绢、纺、绡 14 大类，这类餐巾的成本较高，清洗后容易损坏。

（4）麻型织物餐巾是指由麻或麻混纺纱织制而成的织物餐巾。这类织物餐巾的特点是外观自然朴实，吸湿干爽，透气舒适，缺点是手感较差，吸污能力弱。

（四）按织造加工方法分类

（1）机织物餐巾通常是指由相互垂直的两个系统的纱线，在织机上按一定规律交织而成的织物餐巾。机织物餐巾具有结构形态稳定、强度高的特点。

（2）针织物餐巾是指由一根或一组纱线弯曲形成线圈，线圈相互串套而形成的织物餐巾。针织物餐巾的质地松软、多孔、透气，具有较大弹性和延伸性。这种餐巾的缺点在于保形性和尺寸稳定性较差，易勾丝，起毛起球，吸水性能差，易脱散，因此比较少用。

（五）按组织结构与织造设备分类

（1）平素织物餐巾由单一的原组织或简单的变化组织构成，经纱运动规律变化少，通常由踏盘织机织造而成。如平布、斜纹布、牛津纺、贡缎等。

（2）小提花织物餐巾是指表面具有小型花纹，可以在多臂织机上织造，如蜂巢组织织物、平纹地小提花织物、经（纬）起花织物等。

（3）大提花织物餐巾，也称为纹织物餐巾，可以由各种类型的组织共同构成，不同组织分布在不同部位形成各种色彩的花纹图案。大提花织物表面可呈现丰富的色彩与形态逼真的花纹图案。在一个大提花的花纹循环中，不同运动规律的经纱数可以达到几十甚至上万根，因此必须使用大提花织机来织制。

（六）按印染加工方法分类

（1）白坯织物餐巾是由本色纱线织成的。未经漂染、印花的织物统称为白坯织物（或本色织物）。

（2）漂白织物餐巾是指对白坯织物进行漂白加工后得到的织物。

（3）染色织物餐巾是由白坯织物进行漂染加工、均匀着色而成，也简称色布。

（4）印花织物餐巾是指通过手工或机械设备对白坯织物进行印染着色而呈现花纹图案的织物。印花工艺方法和设备多种多样，包括扎染、蜡染、丝网印花、转移印花、烫印、涂料印花、发泡印花、植绒印花、数码喷印等。

（5）色织物餐巾是由染色纱线、色纺纱线或花式纱线，采用特定的组织结构、配色方案以及后整理工艺生产而成的织物。

（七）按整理工艺分类

织物的整理工艺除了练漂、染色和印花外，还包括对织物进行一系列加工，以改善其外观、手感、尺寸的稳定性，并增进或赋予织物某些特定的功能。按照功能不同，织物可分为外观整理织物（也称一般整理织物）和功能整理织物（也称特殊整理织物），功能整理能改变织物的内在性能。按照工艺原理分类，整理工艺可以分为化学整理和机械整理。

（1）外观整理织物具有外观、手感、悬垂性等风格特征，常见织物包括丝光织物、轧光织物、磨毛织物、拉绒织物、轧纹织物、褶皱整理织物、烂花织物、涂层织物等。

（2）功能整理织物包括阻燃织物、抗静电织物、抗菌织物、抗紫外线织物、耐久压烫织物、防辐射织物、防螨织物、防蛀织物、防缩织物、防水织物、防污织物等。

（3）化学整理是借助化学试剂实现功能改性，常见的效果包括防皱、防水、阻燃、防霉腐、抗紫外线、抗静电等。

（4）机械整理，借助机械作用改善织物性能，如起毛、轧光、电光、定幅、防缩等。

二、织物餐巾的发展趋势

（1）科技性不断增强。随着科技的发展，越来越多的先进技术、设备、材料及方法手段被应用于家纺织物的开发与生产。例如，通过生物科技与纺织技术的结合，开发新型纺织纤维，如将蜘蛛的基因移植至植物或山羊体内，使其生产蛛丝蛋白并制成蜘蛛丝；通过改变棉花、蚕丝基因，生产彩色棉花、蚕丝等。自动化技术、电子信息技术的推广应用使纺织仪器设备、生产管理等向自动化、智能化方向快速发展，积极推进了纺织的开发与应用。同时，多种新技术和新工艺的集成开发，也成为纺织发展的一个趋势。

（2）织物的材料应用更新、更广。各种新型纤维的开发利用正日益成为纺织品设计创新的一大领域，新材料的使用是把握未来流行趋势的必然选择。新材料的开发应用使纺织物风格、性能更丰富、完善。

（3）纺织产品更能体现装饰性、艺术性、时尚性。现代纺织产品不仅具有基本的实用性，更能体现人们的生活方式、生活品位，以及一定的文化内涵。因此，纺织产品正越来越多地体现装饰性、艺术性和时尚性，成为消费者性格、情趣、素质及文化品位追求的体现。

（4）纺织产品正朝着系列化、配套化、高档化的方向发展。随着人们对生活品质要求的提高，纺织品也将越来越趋向高档化。纺织品也正向着系列化、配套化的方向发展。

任务三 餐巾的作用与使用礼仪

一、餐巾的作用

（1）方便客人用餐。餐巾作为餐饮服务中布草的一种，从起源来看就具有十分重要的实用功能。无论是中餐还是西餐，都有许多含有汤汁和酱料的菜品，在用餐过程中，如果这些滴落到客人的服装上，会影响客人用餐心情，有些污渍还难以清除。因此，餐巾最主要的功能是能够防止衣物染上污渍。同时，餐巾还可以用来擦嘴和擦手，客人在食用一些菜品时，嘴边会有油渍，如果嘴边的油渍在交谈时留在杯子上，会显得不雅。虽然现在许多餐厅已经提供了一次性纸巾供客人使用，甚至外卖也配备了纸巾，但是餐巾的地位仍然没有被取代，这一方面是文化的传承，另一方面也出于环保和可持续发展，所以在选择餐巾材质和颜色的时候，要首先满足实用功能。

（2）美化和装饰作用。随着人们生活水平的提高，对用餐和宴会的品位要求也日益提升，餐巾可以折叠成不同的形状，美化和装饰用餐的桌面，提升用餐的环境氛围，能够为宴会增添热烈气氛。餐厅服务人员要熟练掌握餐巾折花这一基本功，根据不同宴会的主题，选择合适的材质，利用自己的技术折叠出合适的花型。

这种作用随着餐饮文化水平的不断提升显得愈发重要，对于餐饮服务人员而言，既是挑战，也是机遇。每年餐饮界都会出现许多造型各异的餐巾花，在全国职业技能大赛餐厅服务中，餐巾花更是美不胜收，这也是"小小餐巾花，变化无穷大"的魅力体现。

（3）体现宾主席位的作用。无论在中餐宴会还是西餐宴会，对宾主位置的区分都是餐饮服务人员必备的知识和技能，除了通过"面门为尊"等空间位置来突出外，也能够通过餐巾花来体现。通常在中西餐中，主人位的餐巾花都会比其他位置的更高；在西餐中，副主人的餐巾花低于主人位，但高于其他位置。这能有效地区分宾主席位，帮助客人正确地落座，也能够帮助服务人员及时梳理服务的流程和逻辑。

二、餐巾的使用礼仪

（1）认准自己的餐巾。通常餐巾是在每位客人面前的餐盘或者酒杯中，切勿拿他人的餐巾。如果餐巾在使用过程中不小心弄脏或者掉在了地上，可以请服务人员更换餐巾。

（2）落座后等待主人先解开餐巾花。在正式宴会中，主人落座后解开餐巾花是宴会开始的信号，其他客人应等到这一信号后再解开自己的餐巾花。一些餐厅中，解开餐巾是由服务人员来完成，但也是先从主人位开始的，以体现对主人位的尊重。

（3）解开餐巾动作柔和。餐巾花是服务员精心折叠的，在解开时，要用柔和的动作展开餐巾，不要太用力或在旁边甩开，以免产生噪声和扬起灰尘。

（4）餐巾铺在大腿上。餐巾打开后，正确的做法是平铺在双腿大腿上，而不是像围兜一样系在脖子上或扎在衣领里。如果餐巾比较大，可以对折成三角形后铺在大腿上；如果是较小的餐巾，则应完全展开后铺在大腿上。

（5）餐巾主要用于擦嘴和擦手。客人吃过油腻食物或喝酒前应用餐巾擦嘴，以维护个人形象并防止在酒杯上留下油渍。如果客人在用餐过程中有剥壳等动作，也可以用餐巾擦手来保持双手干净。

（6）如果客人在用餐中途需要离席，应将餐巾压在餐盘下。将餐巾使用过的一面朝里，用餐盘压住餐巾的一角，让餐巾自然垂下，以免让服务人员认为客人已经离席而提前撤除餐具，从而避免造成尴尬。

（7）餐巾不可用于擦拭餐具。餐巾仅限于擦拭嘴、手、身体等部位，不可用于擦拭杯子、刀叉等其他餐具。如果餐具脏了，可以请服务人员重新更换餐具。

任务四　餐巾花的基本知识

一、餐巾花的种类

（一）按摆放位置分类

餐巾花种类繁多，根据其摆放位置可分为杯花、盘花、环花三种。

1. 杯花

杯花属于中式花型，需插入杯中才能完成造型，出杯后花形即散。杯花造型丰富，折叠手法也较为复杂。

2. 盘花

传统盘花属于西式花型，造型完整，成形后不会自行散开，可放于盘中或其他盛器及桌面上。因盘花简洁大方，美观适用，所以现在高级饭店采用盘花的居多。

3. 环花

将餐巾平整卷好或者折叠形成一个尾端，套在餐巾环内，称为环花。餐巾环材质多样，有银制的、象牙制的、骨制的，有的环上还有纹饰和标记。在一般餐厅中，餐巾环有时会用色彩鲜明、对比感强烈的丝带或者丝穗代替。环花通常放置在垫盘或者面包盘上，其特点是传统、雅致、简洁且明快。有些饭店甚至将盘花和环花结合在一起，在盘花的基础上添加丝穗装饰，既美观又大方。

（二）按造型分类

根据造型的不同，餐巾花可分为植物类、动物类和实物类。

1. 植物类

植物类餐巾花模仿大自然中的花形，如荷花、月季花、玫瑰花等折叠而成，也有根据植物的叶、茎、果实，如慈姑叶、芭蕉叶、竹笋、玉米等造型的。植物类餐巾花变化多，造型美观，折叠简单，在中餐服务中应用广泛。

2. 动物类

动物类餐巾花包括鸟、鱼、兽等，尤以鸟类最为常见，如白鹤、孔雀等。动物类造型或取其整体，或突出其特征，形态逼真，生动活泼。

3. 实物类

实物类餐巾花模仿日常生活中各种实物形态折叠而成，如扇面、皇冠、花篮等。

二、餐巾花花型的选择原则

（一）根据宴会规模选择花型

一般而言，大型宴会应选用造型简单、美观挺括的花型，每桌可选两种花型，以营造简洁大气的台面效果。对于小型但规格高的宴会，可以选用造型较为复杂且形象逼真的花型。如果是 1 ~ 2 桌的小型宴会，可以在同一桌上用 2 ~ 3 种花型搭配，以形成既多样又谐调的布局。

（二）根据时令季节选择花型

可以根据季节的变化选择合适的花型，也可以有意识地选择象征季节的一套花型。如夏季可以选择荷花，冬季选择干枝梅、冬笋等花型，从而突出季节的特色。

（三）根据接待对象选择花型

可以根据客人所在地的风俗习惯选择花型：如日本人喜欢樱花，忌用荷花；美国人喜欢山茶花；法国人喜欢百合花；英国人喜欢蔷薇花等。也可以根据宗教信仰选择花型：如果客人信仰佛教，应避免使用动物造型，而宜用植物或实物造型；如果客人信仰伊斯兰教，应避免选择猪的造型。

（四）根据宾主席位选择花型

主人座位上的餐巾花称为主位花。主位花一般选用品种名贵、折叠细致、美观醒目的花，并且要具有一定的高度，达到突出主人的目的。

（五）根据宴会主题选择花型

宴会因主题各异，形式不同，所选择的花型也应不同。如在接待国际友人的宴会上，和平鸽表示和平，花篮表示欢迎，为女宾叠孔雀表示美丽，为儿童叠小鸟表示活泼可爱，使宾主皆感亲切。在婚宴上宜选择心心相印、鸳鸯等造型的餐巾花，而不宜选择扇子，因为"扇"的谐音为"散"。在寿宴上宜选择仙鹤、寿桃等餐巾花造型，而不宜选用菊花造型餐巾花。

三、餐巾折花操作过程要求

（一）选择餐巾

应根据宴会的具体情况选择不同质地、色泽和规格的餐巾，并确保餐巾整洁、平整、无破损。如果采用纯棉餐巾，则需要浆洗熨烫。餐巾上如印有店徽，则应把店徽展现于餐巾花醒目的位置上。

（二）卫生操作

餐巾的清洁卫生非常重要，因为客人有时会用其擦拭餐具和拭嘴。若餐巾在折叠过程中不讲卫生，就会有损客人的健康。经浆烫的餐巾一定要妥善保管。尤其是在夏季，由于温度和湿度较高，餐巾极易霉变，因此应将浆烫后的餐巾放在通风干燥处。此外，在折花前，操作者要洗净双手，剪短指甲，穿着干净的工作服，在干净卫生的托盘或服务桌上操作。使用干净、光滑的筷子辅助折花，避免直接用嘴接触餐巾，也不要多说话，以防唾沫污染。

（三）方法简洁

餐巾折花要求简单实用，力争一次成型。如果折花过程过于复杂，一是不卫生，二是使用时褶皱太多，反而影响美观。因此，在折花时应尽量减少反复折叠的次数。

（四）造型美观

用餐巾折出的花、鸟、兽等造型应形似神随，挺括且富有生气，让人一目了然，避免造型粗糙、散乱，或给人似是而非、牵强附会的印象。

四、餐巾花摆放基本要求

（一）正确摆放

餐巾花一般插入水杯、酒杯或摆放在食盘（骨碟）中，需要根据花型选择合适的摆放方式。底部较大的餐巾花宜插在水杯中，底部较小而需紧扎的餐巾花宜插在高脚酒杯中，而需要平摊摆放的餐巾花则宜搁置在食盘里。应选择大小适宜且干净的酒杯摆放餐巾折花。放入杯中时，要注意卫生，手指不能接触杯口。注意插入杯中的餐巾花深度要恰当，通常为杯深的1/3。过浅可能导致餐巾花容易散开，过深则影响造型美观。插杯时，应保持花形完整，杯内的餐巾也应线条清楚、整齐，要慢慢顺势插入，不能乱插乱塞或强行塞入，插花时可一手持杯的下部，一手持花，慢慢顺势插入。插入后，需再整理花形，使之形态逼真。放在食盘或骨碟里的餐巾花要摆正，使其挺立不倒。

（二）主位花放在主位

应将主位花摆放在主人席位上，以高度区分。主宾的餐巾花次之。将一般的餐巾花摆放在其他客人的席位上。摆放时要注意高低错落，以形成视觉上的美感。

（三）观赏面朝向客人

摆放餐巾花的目的是供客人欣赏。因此，在摆放适合正面欣赏的造型时，要将正面朝向客人，如和平鸽、孔雀开屏等。适合侧面观赏的，要将最佳观赏面朝向客人。

（四）相似花型交错摆放

在同一餐桌上应摆放不同造型的餐巾花。对于形状相似的餐巾花，应交错摆放并保持对称。

（五）摆放距离要均匀

摆放各种餐巾花时，应注意保持距离均匀，做到不遮盖餐具，不妨碍服务操作。

任务五 餐巾花与宴会的搭配技巧

一、餐巾与宴会的关系

一场宴会的圆满成功离不开宴会工作人员的悉心设计、精心安排和严格落实。宴会设计不仅是宴会活动的前期工作，也是宴会后续工作的指南，所以宴会设计将在很大程度上决定宴会最终的呈现效果。一场精心安排的宴会不仅能让宾主尽欢，还能帮助宴会主人达到目的，并为赴宴者带来愉悦的身心体验和难忘的回忆。宴会设计实质上是涵盖了宴会台面设计、宴会场景设计、宴会菜单设计、宴会服务设计、宴会酒水设计、宴会安全设计等方面的系列设计活动。在众多设计活动中，优秀的宴会台面设计不仅能满足客人的就餐需要，更是酒店、餐饮专业人士精心打磨的艺术品，能淋漓尽致地展现宴会主题，并营造浓郁的宴会气氛。这足以突出宴会台面设计在宴会设计工作中的重要地位与巨大作用。因此，宴会工作人员需要紧扣宴会主题、规模、档次，运用他们扎实的美学、心理学和民俗学等相关专业知识，巧妙构思并精心设计宴会台面，包括餐桌中心装饰、布草选择、餐具搭配及其他物品设计等。由于餐巾是餐饮布草的一部分，餐巾花是布草设计中的重要内容。因此，对餐巾花进行有效、巧妙设计，既能满足宾主就餐需要，又能有效烘托宴会主题。

二、餐巾花与宴会的搭配技巧

（一）精心选择餐巾，满足宴会需要

餐巾作为宴会餐桌上必不可少的物件，兼具实用性和美观性。它最初仅是餐厅供给客人擦嘴及防止汤汁溅在衣服上的保洁巾，逐渐地发展为供客人餐前欣赏的桌面艺术品之一。它通常是边长为 45 ~ 60 cm 的方布巾，餐巾的尺寸和款式也随着时代潮流的发展而日益丰富。从打造餐巾艺术造型的角度来看，餐巾在质地上可分为棉布餐巾、化纤餐巾两类。根据宴会使用需要，餐巾的颜色主要有白色、蓝色、黄色、粉色、绿色等。为满足宴会需要，实现美化宴会餐桌的目的，必须着眼于宴会主题，可从以下几个方面精心选择餐巾。

1. 餐巾质地选择

应从宴会规格、餐巾造型预期效果等方面综合考虑餐巾质地。宴会规格的差异对餐巾质地的选择有非常明显的影响。一般来说，宴会规格越高，对餐巾质地的要求也就越高。餐巾质地的不同还与造型预期效果密切相关。一般来说，棉布餐巾清洗熨烫较麻烦，但经清洗、上浆、熨烫后更易折叠出各式餐巾花型；化纤餐巾则具有光滑挺括、便于洗涤、耐用性强、弹性好、较平整、吸湿性差等特点，此类餐巾不易定型，更多适用于中低档宴会。因此，根据宴会主题的需要，本着有效达成餐巾造型预期效果的原则选择合适质地的餐巾为宜。

2. 餐巾颜色选择

应根据宴会性质、季节特点，以宴会用餐环境色调、宴会布草颜色、餐具颜色协调搭配为原则，并结合宾客对色彩的喜好，恰当运用色彩搭配手法确定出符合宴会主题所需的餐巾颜色。台面物品的色彩搭配手法通常有同色系、邻近色、对比色配色三种。例如，绿色和黄色是邻近色，红色和香槟色是对比色。在我国，婚宴上常常使用代表喜庆吉祥的红色作为宴会主色调，那么就可以选择红色的餐巾，它能与红色的椅套、香槟色的桌布、红色的餐具相得益彰。而在商务宴会上，若使用了白色台布，则可以搭配浅蓝色或酱红色的餐巾，使之协调。

3. 餐巾尺寸选择

餐巾尺寸应与摆放餐巾的餐酒具相匹配，与其他台面物品相协调。首先，供客人使用的餐巾往往置于餐盘上或杯中，因此，餐巾的尺寸必然要与餐酒具的尺寸相匹配。如果餐巾完全覆盖住了餐盘，那么，宴会台面效果必然会大打折扣。其次，雅致、美观的宴会台面离不开餐巾及其他台面物品的相互映衬，所以餐巾还应与其他台面物品的尺寸相协调。

4. 餐巾款式选择

餐巾款式应根据宴会主题而定。新颖独特、美观大方的餐巾款式有利于凸显宴会主题文化意蕴。近年来，随着主题宴会的兴起，餐巾款式也有了很多新花样，有的是在餐巾上刺绣或烫印特定花纹或图案，有的是在餐巾外沿上缝制不同于餐巾主色但又符合宴会布草色调的包边。例如以兰花为主题的宴会，选用绣有兰花图案的餐巾或者白色镶绿边的餐巾，这类餐巾款式不但能带给客人高雅别致、眼前一亮的视觉感受，而且能巧妙地呼应兰花主题，起到与其他台面物品共同烘托宴会主题文化意蕴的作用。

（二）巧妙设计和恰当选用餐巾花

餐巾花的品种繁多，按照折叠方法与摆设餐酒具的不同，分为杯花和盘花两大类。杯花是将折好形状的餐巾置于水杯或酒杯中，盘花则是将折叠好形状的餐巾摆放在餐盘上。根据宴会菜式和就餐方式的不同，宴会分为中餐宴会和西餐宴会。中餐宴会通常指使用中国餐具、食用中国饭菜、饮用中国酒水饮料，并按照中餐服务流程和礼仪进行的宴会。西餐宴会通常指使用西餐餐具、食用西方国家菜点、饮用西方国家酒水饮料，并按照西餐服务流程和礼仪进行的宴会。既然宴会类型有别，那么宴会中的餐巾花基本款式选择也应随之变化。一般来说，西餐宴会强调简便、卫生、美观，宜选用盘花；中餐宴会则会根据宴会的具体需要，综合考虑选择使用盘花或杯花。

众所周知，餐巾在服务客人就餐方面具有十分重要的实用性。然而，餐巾若要显示其美化宴会餐桌、衬托用餐环境、增添用餐氛围的作用，就应当根据宴会的需要，恰当、巧妙地设计和选用餐巾花型。目前，餐巾花种类繁多，按照餐巾造型的外观来划分，包括植物类、动物类、实物类三类。在设计和选用餐巾花时，可遵循的主要原则有：

1. 根据宴会主题性质选择餐巾花型

一场宴会的主题好比一篇文章的中心思想，宴会设计的所有内容都要紧紧围绕宴会主题展开。因此，随着宴会主题的千差万别，餐巾花型也应相应变化。例如，婚宴类宴会是婚礼的重要组成部分，是宴请亲朋好友和祝愿婚姻幸福美满而举办的宴会。中式婚宴餐巾可选用心心相印、鸳鸯戏水、并蒂连理、比翼双飞、花香蝶恋、双鸟归巢等象征恩爱、和谐的花型，这既能体现中华传统文化意蕴，更能表达对新人永结同心、百年好合的美好祝愿。寿宴类宴会是为了庆祝生日、祝愿健康长寿而举办的宴会。如为年长者举办寿宴，通常可选择瑶池仙桃、鹤鸣祝寿、仙人合掌、蝴蝶百寿、寿比南山、有凤来仪、翠叶长青、吉庆有余、喜迎福鹿等象征吉祥、长寿的餐巾花型，以示对寿星长命百岁、幸福长久的美好祝愿。

2. 根据宴会规模选择花型

宴会规模对餐巾花型的选择有一定影响。一般来说，大型宴会的客人人数多，餐桌数量大，为实现宴会全局效果、保证宴会服务水准，这类宴会的餐巾花型大都趋于化繁为简，宜选用简单、挺括、美观的花型。若希望突出主桌的全局统领地位，可考虑将主桌的花型区别于其他桌的花型，比如主桌选用十种不同的餐巾花型，主桌中的主位花型要醒目、突出，其他桌除了突出其主位的花型外，其余席位均使用统一的花型。小型宴会的客人人数较少，餐桌数量偏少，餐巾花型则可繁可简。如果宴会选择繁杂的餐巾花型，即可考虑在同一餐桌上选用十种姿态各异的花型，打造出变化多端且协调统一的效果。这种安排不仅与宴会的规格、档次、主题等有关，还可能与承办宴会的酒店、餐饮企业对宴会服务的较高要求有关。若是选择简单的餐巾花型，即可考虑除主位上的花型美观、醒目外，其余席位则一律选用统一的花型。

3. 根据宴会规格、档次选择花型

国宴通常由国家元首或政府首脑举办，用以招待国宾、其他贵宾或在重要节日为招待各界人士的正式宴会。国宴作为一种特殊的公务宴会，代表着国家尊严，是所有宴会中规格最高、礼仪最隆重的宴会形式。为营造高贵典雅的宴会环境，渲染热烈庄重的宴会气氛，

国宴上可选用和平鸽、喜鹊、友谊花篮等餐巾花型，以表达欢乐、和平与友好的情谊。商务宴会是企业和营利性机构或组织为了一定的商务目的而举行的宴会。随着经济社会的发展，企业之间为拓展业务关系、达成某种协议而举办商务宴请活动日趋频繁。在这一市场需求刺激下，承办商务宴会活动日益成为众多酒店、餐饮企业的主营业务之一和重要的利润增长点。成功的商务宴会既可以带给宴请双方成功的商务合作，又事关承办酒店、餐饮企业的经济效益与声誉，为此商务宴会的设计、组织、实施一定要周全。商务宴会有档次之分，档次越高的商务宴会更加注重从宴请目的、宴请双方偏好和宴会特点出发进行宴会设计、组织、实施等活动。例如，在高档商务宴会上，宜选用简单美观、折制容易、拆用方便且造型逼真的花型，如帆船花型，寓意事业一帆风顺。

4. 根据宴会时令季节选择花型

古往今来，人们总为四时风物沉醉，每个季节独特的美丽景物，令人流连忘返。在宴会中利用餐巾花型来展现季节特色，可以为宴会增添浓郁的时令感。例如，春季是万物复苏的季节，可用雨后春笋、含苞待放等花型；夏季是烈日炎炎的季节，可用出水芙蓉、绽放莲花、扇面送爽、裙角飞扬等花型；秋季是秋色宜人的季节，可用双叶、枫叶、丰收玉米、秋熟玉米等花型，冬季是冰天雪地的季节，可用冬笋花等花型。需要注意的是，既然这类宴会的餐巾花型是根据时令季节而选定的，那么餐巾颜色应以尽量贴近该花型在相应时令季节中的本真颜色为佳。

5. 根据宴会举办时的节日选择花型

节日宴会是人们为欢度法定节日或民间节日而举办的宴会。每逢佳节，在宴会中便可选用衬托节日气氛的餐巾花型，以此表达人们对节日的美好祝愿。例如，情人节是与爱情有关的节日，虽然我国和西方国家的情人节日期不同，但对于热恋中的青年男女而言，情人节都有着非凡的意义，为此，餐巾花可选择玫瑰、蝴蝶等花型，象征真挚的爱情。春节作为我国的四大传统节日之一，是中华民族最隆重的传统佳节，是欢乐祥和、合家团圆的节日，因此，餐巾花可选择迎春花、喜鹊、金鱼等花型，寓意喜庆、祥和的节日气氛。圣诞节是西方传统节日，餐巾花可选择圣诞树、圣诞火鸡等花型，不仅贴近圣诞节习俗，而且寓意团圆美满、感恩感激。

6. 根据宴会花式冷拼选用与其匹配的花型

若花式冷拼的造型或名称新颖独特，餐巾花可考虑能与之匹配的餐巾花型。例如，宴会中有扇面造型的花式冷拼，那么餐巾花可考虑扇面送爽、芭蕉扇等花型。

7. 根据宴会客人的宗教信仰、风俗习惯、爱好等选择花型

对于有宗教信仰的客人，应充分尊重他们的信仰，并在考虑宗教禁忌的基础上提供适当的服务。比如接待信仰佛教的客人时，可考虑将僧帽、僧服等作为餐巾花型。来自不同

国度的人们在风俗习惯、喜好禁忌上也有着很大的差异，因此在设计餐巾花型时也很有必要将其考虑在内。例如，由于文化差异，日本人通常避免使用荷花图案，因为在日本文化中，荷花与丧葬有关。英国人认为大象是蠢笨的，视孔雀为祸鸟，而大多英国人推崇绅士文化，因此接待英国客人时，不宜选用大象、孔雀等动物类餐巾花型，可以选用衬衣造型的盘花。

（三）合理摆放餐巾花，突出台面的雅致、美观

餐巾花简洁大方、干净挺拔，造型美观、高雅，能为宴会气氛增添和谐之美。因此，为了达到突出雅致、美观台面的效果，我们在摆放餐巾花时还应做到以下要求。

首先，折好的餐巾花要合理、有序地摆放在餐酒具之间，使整个台面更加美观、完整。一般来说，中餐宴会摆放杯花时，服务员应当特别注意清洁卫生，采用娴熟的手法将叠好的餐巾花插入杯内，尽量减少对杯子的污染。同时，应把握好餐巾花插入杯内的深度及其尾部的整齐度。除此之外，还应对未插入杯内的餐巾花上端做好造型，使花形灵动、逼真。西餐宴会或中餐宴会摆放盘花时，服务员应做到在装饰盘或骨碟中摆正、摆稳盘花，使之屹立不倒，充分展示餐巾花形的美。

其次，餐巾花摆放位置要适宜，符合餐饮礼仪要求。具体应遵循的规则如下：

（1）根据座次安排，合理摆放餐巾花。也就是要根据座次的不同，合理搭配餐巾花型，相似餐巾花错落对称摆放，控制好餐巾花之间的距离，注意营造出餐巾花高低均匀、错落有致之感。餐巾花要突出主人位、副主人位，因此主人位摆放的餐巾花要美观醒目、鲜明突出、统筹全席，副主人位次之，其他座次则摆放一般的餐巾花。

（2）满足客人观赏所需，恰当摆放餐巾花。摆放餐巾花时，一律将餐巾花的观赏面朝向宾客席位，使之名副其实地成为供客人欣赏的"艺术品"。这要求服务人员熟悉每种餐巾花形的最佳观赏面。例如，孔雀开屏、和平鸽等花形的最佳观赏面是正面，那么摆放这类餐巾花时应将正面朝向客人。

（3）根据台面整体效用要求，妥当摆放餐巾花。这要求摆放餐巾花时做到不遮挡台面上的物品、不影响服务操作、不遮挡视线等，确保台面的整体效果和谐美观。

✎ 项目小结

本项目对中西方的餐巾文化进行了简要的介绍，让读者对餐巾的文化底蕴有了一个初步的了解。此外，本项目还介绍了餐巾花的材质和分类。

✎ 项目练习

1. 利用网络搜索国内博物馆中的"怀挡"等餐饮文化文物，领会源远流长的中华文化。

2. 根据所学知识对身边的布草进行分类。

初学乍练——餐巾折花入门

学习目标

- 能熟练掌握餐巾折花的基本技法并熟练进行操作。
- 能按照图谱，熟练、独立、高质量地完成基础餐巾花造型。
- 能规范、卫生地进行实操练习，在不断地演练中追求精益求精的工匠精神。

知识点

餐巾折花基本技法、操作要领；盘花基本知识、基础盘花技法。

案例导入

小餐巾　大学问

2023年9月19日，中华人民共和国第二届职业技能大赛在天津市圆满落下帷幕。本届大赛主题确定为"技能成才、技能报国"，在109个竞赛项目中，餐厅服务作为国赛精选赛名列其中，餐巾折花作为餐厅服务赛项的重要模块，要求选手能熟悉餐巾折花基本知识，掌握餐巾折花的折叠技巧。根据宴会主题选择合适的餐巾花，能够折叠不少于10种的餐巾杯花或盘花，能根据需要摆放所折叠的餐巾花。在比赛现场，一张张普通的餐巾布，在选手们手中"妙手生花"，向大家展示了餐饮服务的魅力所在，吸引不少观众驻足观赏。

任务一　餐巾折花基本技法

折叠形式多样的餐巾花，要用到不同的折叠方法。餐巾花的折叠方法众多，但无论哪种花型，都有共同的基本技法和要领。最常用的基本技法包括叠、折、卷、攥、翻、拉、捏等。

一、叠

叠是堆叠、折叠的意思，就是将餐巾一叠二、二叠四、单层叠成多层，折叠成正方形、长方形、三角形、菱形、锯齿形、梯形等几何形状。叠是餐巾折花最基本的技法之一，几乎每个花型都要用到这种技法。其要领在于熟悉基本造型，精确角度，力求一次叠成，避免重复折叠，以免餐巾出现过多褶皱，影响最终造型的挺括和美观。

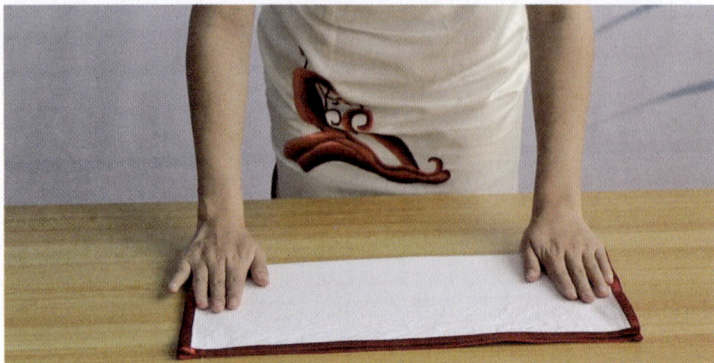

餐巾折花技法——叠

二、折

折包含折叠、折裥（jiǎn）两层意思，这里主要是指折裥，有的地方称为"打折"，即将餐巾折叠成多个紧凑的褶皱，以增加花形层次感、紧凑感和美感。折是餐巾折花中的一种重要技法，折裥的好坏直接影响花形是否挺括美观。折裥时，用双手的拇指、食指捏紧餐巾，两个大拇指相对成一线，指面向外，中指控制好下一个折裥的距离，拇指、食指的指面捏紧餐巾向前推折到中指处，中指再腾出去控制下一个折裥的距离，三个指头互相配合，餐巾向前推折成形。

餐巾折花技法——折

所折的裥要求距离相等，高低、大小一致，每裥的宽度根据花形不同而有区别。裥可分为直裥和斜裥两种。直裥的两头大小一样，用上面的方法推折即可；斜裥一头大一头小，形成圆弧形，要斜面推折，方法是一手固定所折餐巾的中点不动，或折小裥，另一手按平直推折的方法围绕中点呈圆弧形折裥。

折裥的要领：操作的台面必须光滑，否则就推不动餐巾，容易将餐巾拉毛。折时拇指、食指紧紧捏裥，不能松开，中指控制间距将餐巾向前推折，不能向后拉折，否则折裥距离大小不匀，影响造型美观。若要求两边对称折裥，一般应从中间向两边折。

三、卷

卷就是将折叠的餐巾卷成筒形的一种方法，可分为平行卷和斜角卷两种。平行卷是将餐巾两头平行一起卷拢，要求卷得平直。斜角卷就是将餐巾一头固定只卷另一头，或者一头少卷一头多卷的卷法。如果按卷筒的形状来分，卷又可分为螺旋卷和直卷。

餐巾折花技法——卷

卷的要领：平行卷要求两手用力均匀一起卷动，餐巾两边形状必须一样；斜角卷要求两手能按所卷角度的大小，互相配合好。不管采用哪种卷法，都要求卷紧卷挺括，不要影响造型的美观。

四、攥

攥的作用是保持餐巾花半成品的形状，通常用左手捏住餐巾中部或下部，右手进行其他操作，确保拿捏部分不松散。

餐巾折花技法——攥

五、翻

翻的含义较广，餐巾折花过程中，上下、前后、左右、里外等翻折，均可称为"翻"。运用翻的技法，可以做出鸟头、花瓣、叶片等造型。例如，"孔雀开屏"的孔雀头就是用翻的技法折制的。

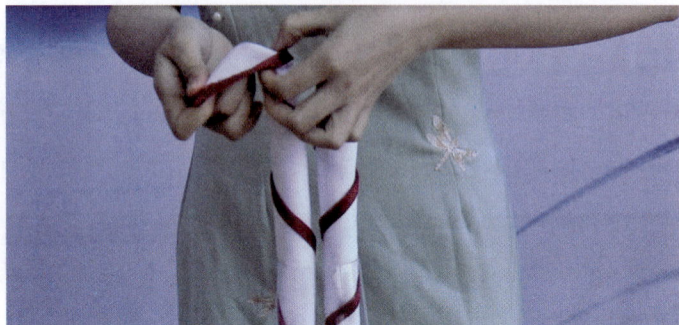

餐巾折花技法——翻

六、拉

拉就是牵引。餐巾折花中的拉，常常与翻的动作相配合。在翻的基础上为使造型挺直，往往就要使用拉的技法。通过拉使餐巾花的线条曲直鲜明，花形更挺拔有生气。

餐巾折花技法——拉

翻与拉一般在手中进行，一手握住所折的餐巾，一手将下垂的巾角翻上，或将夹层翻出，拉成所需的形状。在翻、拉过程中，两手必须配合好，拿餐巾的左手要根据右手翻拉的需要，该紧则紧，该松则松。配合不好，餐巾就会被翻坏拉散，影响成形。在翻拉花瓣、叶子及鸟的翅膀时，一定要注意左右、前后的大小一致，距离对称。拉时用力要均匀，不要猛拉，否则会损坏花形，前功尽弃。

七、捏

捏也是一种常用的技法，主要用于做鸟类和其他动物的头。用拇指、食指、中指三个指头进行操作，将所折餐巾的巾角上端拉挺，然后用食指将巾角尖端向里压下，中指和拇指将压下的巾角捏紧，捏成一个尖嘴，作为鸟头。鸟头一般有几种形状：上翘形、平尖形、向下形、弯角形以及特殊形。

餐巾折花技法——捏

任务二 基础盘花花型

一、盘花的定义

如前所述，按照折叠方法与放置工具的不同，餐巾折花可以分为盘花、杯花。其中，盘花是指直接摆放在餐盘中的餐巾花。

二、盘花的特点

盘花的折法快速且清洁卫生，可以提前折好，便于储存。其造型通常简单、美观、实用，目前被中西餐厅广泛使用，是餐巾折花的发展方向。

三、基础盘花示例

（一）皇冠

序号	1	2	3	4
操作流程	将餐巾沿中线对叠整齐，使餐巾成长方形。可轻压边线使其更加平整，注意开口向上	将餐巾的长方形左侧向下叠，两侧边对齐；将长方形右边向上叠，两侧边对齐，使之成平行四边形	将餐巾左侧沿凸出三角形中线对叠	将餐巾翻转至另一面，并将左侧压进右边角
图示				

皇冠

续表

序号	5	6		
操作流程	翻出右侧三角形，并将左侧置于该三角形下方	将餐巾边缘整理整齐，双手将皇冠整理成圆形，皇冠餐巾花折叠完毕		
图示				

（二）蜡烛

蜡烛

序号	1	2	3	4
操作流程	将餐巾沿对角线对叠成三角形，开口向上	底部向上翻折 3 cm	翻转餐巾，将底部长条向内卷	尽头的餐巾压在卷的餐巾里，蜡烛餐巾花折叠完毕
图示				

（三）三角棚

三角棚

序号	1	2	3	4
操作流程	将餐巾从一角向另一角对叠，形成一个大三角形	沿三角形底部中点，将左右两边分别向上叠，使餐巾成一个正方形	将餐巾翻转，从底部向上沿中线对折，又形成一个小三角形	沿餐巾中线左右对叠，开口向内
图示				

序号	5			
操作流程	将餐巾置于盘中，整理边缘，使其整齐挺括，三角棚餐巾花折叠完毕			
图示				

（四）圣诞树

序号	1	2	3	4
操作流程	将餐巾沿中线对叠，再次对叠，形成一个正方形	将正方形餐巾最上面一层沿对角线翻折，然后将餐巾一角翻折出2cm左右的三角形	参照第2步，将第2层餐巾同样翻折，注意与第2步的餐巾错开1cm左右	同样，将第3、第4层餐巾翻折，形成一个错层的折裥
图示				

圣诞树

序号	5	6	7	8
操作流程	翻转餐巾，将左边角向右下45°翻折	右边角向左下45°翻折，压入左边角餐巾内	最后将餐巾竖立起来，将餐巾底部从中向外拉，整理成一个椭圆形，圣诞树餐巾花折叠完毕	
图示				

（五）香蕉

序号	1	2	3	4
操作流程	将餐巾沿对角线对叠，开口向下，成三角形	两边角向上折，顶点重合，形成正方形	底部向上折至距顶部2cm处，再向下翻折，对齐底部	翻转餐巾，将左边角向右折
图示				

香蕉

序号	5	6		
操作流程	将右边角向左折，然后压入左边角餐巾内	整理顶部边缘，香蕉餐巾花折叠完毕		
图示				

（六）帆船

帆船

序号	1	2	3	4
操作流程	将餐巾沿对角线对叠成三角形，开口向下	将左侧餐巾沿中线对叠，旋转45°，成开口向下的三角形	将餐巾左边的角沿45°向上折，与顶点重合	将左侧小三角形，沿餐巾中线向左翻折
图示				

序号	5	6	7	
操作流程	将餐巾沿中线向右翻折成三角形	将三角形底部从中央往外翻折2 cm	打开三角形底部，使其成椭圆形，整理边缘，帆船餐巾花折叠完毕	
图示				

（七）春笋

春笋

序号	1	2	3	4
操作流程	将餐巾对叠两次之后，形成一个正方形	将最上面一层餐巾沿对角线对折。第一层的顶点与底端顶点对齐	将下面的3层餐巾依次翻折，每一次错落1cm左右，形成钻石形	将餐巾翻转后，左右对折，将左侧的餐巾压入右侧中
图示				

序号	5			
操作流程	将餐巾直立摆放在餐盘中，整理底部成椭圆形，春笋餐巾花折叠完毕			
图示				

（八）冰山

序号	1	2	3	4
操作流程	将餐巾两次对叠之后，形成一个正方形	将最上面一层的餐巾沿对角线对叠后，将顶端的三角形反叠至中线	将餐巾翻转后，沿对角线对叠成三角形	三角形左右对叠，将左侧的餐巾压入右侧中
图示				

冰山

序号	5			
操作流程	将餐巾直立在餐盘中，冰山餐巾花折叠完毕			
图示				

（九）金字塔

序号	1	2	3	4
操作流程	将餐巾左右对叠后，再前后对叠，形成正方形	将餐巾最上面的一层向下翻叠	将第2层餐巾依次向下翻叠，并形成大于1 cm 的间距	将4层餐巾都向下翻折，形成一个错落均匀的五边形
图示				

金字塔

序号	5	6	7	8
操作流程	将餐巾翻转	将餐巾沿底部两侧向中线对叠	翻转餐巾后，将露出的餐巾依次朝顶端翻折，下一层插入上一层	将成型的餐巾底部打开后置于盘中，金字塔餐巾花折叠完毕
图示				

（十）木桐花

木桐花

序号	1	2	3	4
操作流程	将餐巾沿中线前后对叠，再左右对叠，形成一个正方形，开口向上	从底部开始向中线处叠一个三角形，三角形顶点位于正方形的中心处	再从餐巾的底部向上折1/2，成一个三角形	翻转餐巾
图示				

序号	5	6	7	
操作流程	将餐巾沿中线左右对叠，并将底部压入另一侧餐巾内	将餐巾竖立，整理底部为圆形，同时将外层餐巾向下翻折	将剩下的几层餐巾依次翻折，注意每层间留有间隙，放入盘中，木桐花餐巾花折叠完毕	
图示				

（十一）领结

领结

序号	1	2	3	4
操作流程	从餐巾沿中线对叠后再对叠，形成正方形	将正方形餐巾沿对角线对叠，形成三角形	将三角形餐巾沿着底部对叠，左侧餐巾插入右侧餐巾中	翻转餐巾，放入盘中，整理即可得到领结餐巾花
图示				

任务三　基础杯花花型

　　餐巾杯花按造型外观分类，主要分为植物类、动物类和实物类。以下介绍植物类和动物类的常见餐巾杯花。

一、植物类餐巾杯花

　　植物类餐巾杯花包括各种花草和果实造型，外形美观，变化多样。

（一）四叶花

序号	1	2	3	4
操作流程	将餐巾左右对叠后，再前后对叠，形成正方形	沿餐巾中线推折	两侧推折至全部	从左侧1/3处攥住餐巾后，使餐巾呈垂直状态
图示				

序号	5	6	7	8
操作流程	将餐巾底部向上卷	攥紧卷好的餐巾	将餐巾放入杯中，拉出4个叶片，整理成型，四叶花餐巾花折叠完毕	
图示				

四叶花

（二）花开并蒂

序号	1	2	3	4
操作流程	从餐巾一角向对角卷	卷至餐巾末端，卷的过程中注意要保持形状紧致	将餐巾折叠后放入杯中，注意左右两边高度保持3 cm左右的落差	将左右两边的卷，从中间向外翻折，形成两朵荷花，花开并蒂餐巾花折叠完毕
图示				

花开并蒂

（三）三叶花

序号	1	2	3	4
操作流程	将餐巾沿对角线对叠，形成三角形	从三角形底边中点，将餐巾的左侧向另一条边折60°左右，使餐巾形成错落的三角形	对右侧餐巾使用相同的方法进行折叠，形成对称形状	沿中线，将餐巾中间以2 cm左右间距推折一次

三叶花

续表

图示				
序号	5	6	7	
操作流程	向左右两边推折餐巾2次	攥紧餐巾中部，从餐巾底部向上卷	将底部餐巾卷至中部后，放入杯中，整理花瓣，三叶花餐巾花折叠完毕	
图示				

（四）冰玉水仙

冰玉水仙

序号	1	2	3	4
操作流程	将餐巾对叠后再对叠，形成正方形	将最上的两层餐巾向后翻转	翻转餐巾，将另外两层餐巾也向后翻折，形成三角形	从三角形的一侧以2 cm左右的间距向另一端推折
图示				
序号	5	6		
操作流程	推折完毕后，攥住餐巾的中间	将餐巾放入杯中，将4个花瓣依次向外拉出，冰玉水仙餐巾花折叠完毕		
图示				

（五）枫叶

枫叶

序号	1	2	3	4
操作流程	将餐巾沿3/5左右位置错位叠	将餐巾从中线对叠	从中线开始以2 cm的距离推折，推折时注意整齐	餐巾推折完毕后，攥住餐巾的中央

续表

图示				
序号	5	6	7	
操作流程	将餐巾底部向上卷	卷两次至餐巾的中部，紧紧包裹住餐巾的底部	将餐巾放入杯中，整理枫叶的叶片，枫叶餐巾花折叠完毕	
图示				

二、动物类餐巾花

动物类餐巾花包括鱼虫鸟兽造型，如孔雀、企鹅、蝴蝶、金鱼等，形态逼真，生动活泼。

（一）小白兔

序号	1	2	3	4
操作流程	将餐巾上下两边分别向中线叠	再次对叠后形成一个长方形，开口向下	左侧餐巾向左上角45°翻折，右侧餐巾向右上角45°翻折，两边在中线对齐	将左右两边的底部餐巾向中心翻折45°，使餐巾成一个正方形
图示				
序号	5	6	7	8
操作流程	将餐巾左右两侧分别向中间翻折，形成两个小三角形，其中锐角为兔子的耳朵	餐巾翻面后，将底部突出的三角形向上翻折	左右对叠餐巾后，攥紧餐巾的底部，打开兔子的嘴部	整理兔子的耳朵，插入杯中，兔子餐巾花折叠完毕
图示				

小白兔

（二）牛气冲天

牛气冲天

序号	1	2	3	4
操作流程	将餐巾沿对角线对叠，形成三角形	将两个三角形的角分别向上成60°，左右折叠，形成一个W形	沿餐巾中线成2 cm左右的距离进行推折	推折完毕，攥紧餐巾中部
图示				

序号	5	6		
操作流程	从餐巾底部向上翻卷，包裹紧餐巾底部	将餐巾放入杯中，将中间一层餐巾向下拉，牛气冲天餐巾花折叠完毕		
图示				

（三）迎宾凤凰

迎宾凤凰

序号	1	2	3	4
操作流程	将餐巾对叠后再对叠，形成一个正方形	将最上面一层餐巾向下推2 cm左右	旋转餐巾，沿着中线按2 cm左右距离推折	左右两边推折完毕
图示				

序号	5	6	7	
操作流程	攥紧餐巾中间，将两侧突出的餐巾向中间弯折	将餐巾底部向上卷	卷至中部后，攥紧餐巾放入杯中，将最里面一层餐巾捏成凤凰头的形状，另外3层餐巾整理成羽毛形状，凤凰餐巾花折叠完毕	
图示				

（四）蝴蝶

序号	1	2	3	4
操作流程	将餐巾左右两边向中心线对叠，使餐巾中间呈一条直线	按住餐巾中心点，将餐巾的 4 个角向外折叠，形成 4 个 30° 的小三角形	从餐巾底部以 2 cm 左右间距向上卷	将餐巾卷到中线位置，作为蝴蝶的触角
图示				

序号	5	6	7	
操作流程	以 2 cm 间距推折餐巾至顶部，作为蝴蝶的翅膀	将餐巾沿中心对叠，使触角相邻	放入杯中，蝴蝶餐巾花折叠完毕	
图示				

蝴蝶

（五）孔雀开屏

序号	1	2	3	4
操作流程	将餐巾一角，向对角折叠，使上下两层错落 2 cm 左右	将上层餐巾从中线左右向后翻折成三角形	在上一个小三角形的基础上，再从中线左右向后翻折成一个小三角形	将餐巾旋转 90°，捏住两端，从中间向两侧以 2 cm 左右的间距推折
图示				

序号	5	6	7	8
操作流程	推折的过程中，注意间距要均匀，形成均匀的褶皱。最后，两边各留出 4 cm 左右的翅膀	将餐巾底部对齐，将左右两侧的翅膀相互交叉攮紧	捏出"孔雀头"	将餐巾放入杯中，整理成型，孔雀开屏餐巾花折叠完毕
图示				

孔雀开屏

✎ 项目小结

　　本项目介绍了餐巾折花常用的基本技法、要领，对行业内常用的盘花和杯花造型进行了示范和讲解，以帮助学习者在餐巾折花专项技能上有所提升。

✎ 项目练习

　　一中餐宴会厅正筹备一对新人的订婚晚宴，请查阅相关材料，结合所学内容，设计并折叠出 10 种不同的餐巾花，要求符合主题、种类丰富、主副位突出，折花技法规范，整体造型美观、协调。

常用餐巾花折叠技能评判表

序号	技能	评判结果			
		优	良	合格	不合格
1	能准确使用餐巾折花基本技法，手法熟练、规范、一次成型				
2	花型逼真、美观、挺拔；种类丰富				
3	操作卫生，不用口咬、下巴按，手不触及杯口或盘中				
4	摆放协调、美观，突出主副主人席位				
5	在规定时间内完成				

项目三　能工巧匠——餐巾折花提高

学习目标

- 能熟练进行复杂餐巾花的制作。
- 能根据不同的宴会设计和客户需求进行餐巾花的设计、命名和制作。
- 学会欣赏和理解高档宴会中的餐巾花的意义。

知识点

复杂餐巾花的折法、餐巾花的命名、餐巾花与宴会的搭配、餐巾花的创新方法

案例导入

杭州亚运会欢迎晚宴尽显文化自信

2023 年 9 月 23 日，为欢迎出席杭州第 19 届亚洲运动会开幕式的国际贵宾，欢迎宴会在浙江省杭州市西子宾馆举行。此次宴会的主题为"浙山浙水浙条路"。在餐巾花细节上，

19 届亚运会欢迎晚宴现场

设计者巧妙地采用了扇形餐巾扣，其扇面上印制了清新秀美的西湖美景，底部装饰以天青色流苏，再次向世界展现了中华传统文化之美。

任务一　餐巾花命名技巧

一、餐巾花命名的作用

（一）便于客人体会设计者的意图

好的命名能清晰传达宴会主题，并暗表设计者的祝福，帮助客人快速理解宴会内涵。例如，寿宴中的餐巾花采用"吉星高照""松鹤延年"等命名，能够让客人第一时间感受到祝福。

（二）能够体现宴会设计者的文化水平

即便是相同造型的餐巾花，不同的命名也能带来不同的文化体验。例如，蜡烛造型的餐巾花，可以简单地命名为"蜡烛"，也可以命名为"步步高升"，还可以命名为"一枝独秀"。这些不同的命名充分体现了宴会设计者的文化素养。

二、餐巾花命名的原则

（一）形象具体

餐巾花的命名首先是要与餐巾花本身的造型、颜色、图案相统一，不能名不符实，例如明显是有翅膀造型的杯花，如果采用"振翅翱翔""比翼齐飞"等命名是能够体现造型的，但是如果采用"事事如意""福如东海"等命名，就无法体现该餐巾花的实际造型，也难以引起客人的共鸣，所以餐巾花的命名一定要形象具体。

（二）与宴会主题相呼应

为了更好地体现宴会的主题，宴会设计者在布草颜色、餐具选择、菜品等各方面都投入了大量心思，在餐巾花命名上同样也要突出主题。例如，婚宴的餐巾花命名要体现对新人的祝福，商务宴会的餐巾花命名要体现对合作共赢的美好祝愿。

（三）符合习俗习惯

在命名时，应充分了解赴宴客人的风俗习惯，避免"好心办坏事"。例如，在餐巾花的命名中，尽量避免采用"梅花"，因为有些地区的客人会联想到"倒霉"等不吉利的词语。在闽南地区，出于方言的原因，"茉莉"和"没利"，"金狮"和"尽输"发音相近，因此类似命名都要避免。

（四）字数尽量统一

在中餐宴会中一般要有 3 种以上的花型，在命名的过程中，不同餐巾花型的名字的字数尽量要一致，一般以四字为宜。

任务二　餐巾折花创新原则与方法

餐巾折花作为餐饮服务人员的基本功，通过刻苦练习，可以在较短时间内掌握，满足基本的服务和摆台要求。但是随着餐饮业转型升级，主题餐饮和主题宴会如雨后春笋般兴起，消费者越来越重视宴会的氛围营造和文化底蕴。因此，餐饮从业人员要善于创新引领，从主题装饰物、布草装饰、菜品设计等方面挖掘文化内涵，提升餐饮品质。餐巾花作为台面的重要组成部分无疑是提升餐饮文化品质的重要方面，本书在前文已经介绍了一些常见餐巾花的技法，这些技法并非唯一方法，餐巾花的种类也远远不止这些，餐饮从业人员需不断摸索、创新。但是创新也要注重方式、方法，不能天马行空。下面将对餐巾折花的创新原则和方法进行介绍。

一、餐巾折花创新原则

（一）顾客便利性

餐巾不仅具有观赏价值，也具有实用价值。在创新餐巾的时候，要保障其实用价值。例如，不能使用易破损、刺手的材质，因为此类材质在多次使用之后会产生一些毛刺，可能对客人造成意外伤害。此外，餐巾花的高度不能过高，以免影响客人入座后的交流。一般来说，盘花的高度不超过20 cm。餐巾花的宽度不能超出餐盘，以免影响酒杯的正常使用，或在上菜的过程中造成不便。近年来，不同类型的餐巾扣的使用逐渐增多，但是一些餐巾扣的设计过于复杂，客人打开不方便，甚至影响客人的就餐心情。

（二）紧扣主题

餐巾花和其他宴会设计元素一样，是需要时刻紧扣本次宴会的主题。无论是颜色、花型、材质等，都要与宴会主题交相辉映，创新得当就能够产生锦上添花的效果，反之则可能适得其反。例如，蜡烛造型的餐巾花经常用于寿宴，但是不能使用白色的餐巾布。

（三）寓意美好

同样的餐巾花，在不同的宴会中可以使用不同的命名，但是万变不离其宗，所有的命名应该都要体现对赴宴客人的美好祝愿。宴会设计人员可以根据不同的宴会进行命名，以便客人能够更快地融入到宴会的文化中去。例如，孔雀开屏造型的杯花，可以根据不同的宴会主题命名为"一帆风顺""财源广进""幸福花开"等。

（四）操作性强

餐巾花需要餐饮从业人员手工完成，因此在创新餐巾花型的时候，要考虑到餐饮服务人员能否在较短时间内完成餐巾花的折叠和解开，尽量不使用额外的工具，以免延长服务的准备时间，加重工作负担。

二、餐巾折花创新的方法

餐巾花的创新，如同鸡尾酒创新和菜品创新一样，在遵守原则的基础上，可以根据餐饮服务人员自身的理解进行创新，主要有以下几种方法。

（一）图案与色彩创新

这是一种比较简洁的方法。以往，餐巾主要是纯色或者带有常规花纹，市场上的餐巾千篇一律。然而随着科技的发展，尤其是纺织技术和印染技术的发展，出现了渐变色、热转印等技术。渐变色通过吊染、扎染等技术，让纯色的餐巾能够按照需要的渐变层次进行颜色的变化。热转印技术是一种新型的印刷技术，能够将任意图案印刷在纺织品上，并且操作简单，只需要使用普通的熨斗就可以将转印膜上精美的图案转印在产品表面，不仅色彩艳丽，形态逼真，而且转印后的餐巾也能够重复使用。在这些技术的帮助下，能够让原本枯燥无味的餐巾布变得丰富多彩。

（二）类型转换

在传统的餐巾花形中，杯花与盘花的界限比较明晰，例如金鱼、蝴蝶、孔雀常常以杯花的形式出现，扇子、皇冠则是以盘花的形式出现。其实，通过餐巾扣等工具能够将常见的杯花造型的餐巾花转换成盘花。盘花造型也可以通过花型底部收缩等方法转化为杯花造型。

（三）花型变形

在传统餐巾花形基础上，我们可以通过餐巾折花技法的变通来改变原有的造型，使其在高度、宽度甚至是形态上发生变化。例如，传统的蜡烛造型餐巾花的高度较高，我们可以通过多次翻折底部，以降低高度，使其适合不同的宴会场景。

变形前——蜡烛   变形后——玫瑰花

（四）增加配饰

餐巾花原本具有台面装饰功能。近年来，随着餐巾扣等装饰物的使用，这种装饰功能发挥得更加突出。目前市面上出现的餐巾扣的材质、造型数不胜数，能够让简单的餐巾变得更加灵动，同时也不会增加服务人员餐巾折叠的难度。除了餐巾扣，还可以用流苏、书签等小型配饰来装饰餐巾。这些配饰在起到装饰作用的同时，也能够作为伴手礼，增强客人的用餐体验。

有配饰的餐巾花

任务三　精致餐巾花的折法

餐巾花是我国传统餐饮文化中的一颗璀璨的明珠，在一代又一代餐饮人的努力下，从最初的普通餐巾花，逐渐发展出了丰富多彩的精致餐巾花。下面，我们从盘花和杯花两方面，为大家介绍几种比较精致的餐巾花折法。

一、精致盘花的折法

（一）金莲

序号	1	2	3	4
操作流程	将餐巾4个角向中心点对叠，使餐巾形成正方形	在上一个正方形的基础上，4个角再次向中心点对折，形成一个小的正方形	在上一个小正方形的基础上，再次将4个角向中心点对折，形成一个更小的正方形	将餐巾翻转至另一面，并将4个角向中心点再次对折
图示				

序号	5	6	7	8
操作流程	翻出4个角上的餐巾，形成莲花的花瓣	4个花瓣翻折完成后，用一只手攥紧莲花的中部，另外一只手将四边底部的餐巾打开	底部的餐巾打开后，形成莲花的叶片	待底部两层叶片都打开后，双手将整个餐巾轻轻压实成一个球形，然后打开餐巾进行整理，金莲餐巾花折叠完毕

金莲

续表

图示	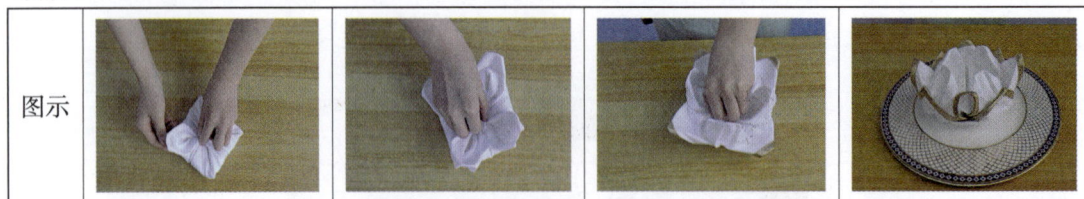

（二）玫瑰花

玫瑰花盘花

序号	1	2	3	4
操作流程	将餐巾沿中线对叠整齐，形成一个三角形	从底部往上按照 3 cm 间距卷，卷到距离顶部 5 cm 处	从餐巾底部长条的一侧向另一侧卷	将尽头的餐巾压入卷的餐巾里
图示				

序号	5	6		
操作流程	将顶部的两层餐巾分别左右往下翻	翻转餐巾，玫瑰花餐巾花折叠完毕		
图示				

（三）金元宝

金元宝

序号	1	2	3	4
操作流程	将餐巾对叠到中线再对叠，成长方形，开口朝下	左右两边向中线折	将左上角朝中线折	将右上角朝中线折，餐巾上部分形成一个三角形
图示				

序号	5	6	7	8
操作流程	将餐巾翻转	将左上角的餐巾往右下角折，距离底部约 1 cm 处	右上角的餐巾往左下角折压入左上角的餐巾里	将餐巾的中心几层稍微向外拉开，整理餐巾边缘，金元宝餐巾花折叠完毕

续表

图示	

（四）企鹅

序号	1	2	3	4
操作流程	将餐巾沿中线对叠整齐，成三角形	两边角向下叠，成正方形	将餐巾的左上边翻至中线对齐，再将右上边翻至中线对齐，分别成两个小三角形	将左侧小三角形内的两层餐巾向中线对齐，将右侧小三角形内的两层餐巾向中线对齐
图示				

企鹅

序号	5	6	7	8
操作流程	将餐巾翻转至另一面，底部的两层餐巾向上，形成一个向上大三角形	将凸出的两个企鹅尾巴向上折，重叠在刚才的三角形上	将餐巾沿中线左右对折压紧	然后将餐巾竖立起来，企鹅尾巴自然下落。捏出企鹅头的形状，企鹅餐巾花折叠完毕
图示				

（五）心花怒放

序号	1	2	3	4
操作流程	将餐巾从一角向对角对叠，形成一个大三角形	两边分别向上折两个三角形，形成一个正方形	从底部开始向中线处折一个三角形，三角形顶点在餐巾的中间	再从餐巾的底部向上折1/2
图示				

心花怒放

续表

序号	5	6	7	8
操作流程	翻转餐巾后，左右两端对折，将餐巾一侧压入另一侧中	整理底部呈椭圆形，将左右两侧的餐巾拉开成叶片状	将餐巾放置于盘中，整理成型，心花怒放餐巾花折叠完毕	
图示				

（六）一帆风顺

一帆风顺

序号	1	2	3	4
操作流程	将餐巾沿中线对叠整齐，呈长方形，再对叠成正方形	餐巾从中间对叠成三角形，开口面在上一层，开口朝下	沿餐巾中线左右两边向中线对叠	将底部凸出的两个三角形往后翻折
图示				

序号	5	6		
操作流程	将餐巾沿中线对叠	左手捏紧底部，右手将餐巾的船帆立起来，并调整好各片帆的角度。一帆风顺餐巾花折叠完毕		
图示				

（七）迎风扇面

迎风扇面

序号	1	2	3	4
操作流程	将餐巾沿中线整齐对叠，成长方形	从长方形底部开始，以 2 cm 左右的间距推折至距离顶端 8 cm 左右的位置停止	沿中线将餐巾左右两边向中线对叠	将餐巾底部凸出长方形，折成三角形压入扇面，并攥紧底部
图示				

续表

序号	5			
操作流程	将餐巾放于餐盘上，使扇面自然打开，迎风扇面餐巾花折叠完毕			
图示				

（八）爱心

序号	1	2	3	4
操作流程	将餐巾对叠成三角形	三角形两边分别向中心线对叠	随后将餐巾的左右两边再向中心线对叠	随后将餐巾的左右两边再向中心线对叠
图示				

序号	5	6	7	
操作流程	翻转餐巾后，从底部向上卷，卷到顶端	将餐巾顶端一侧向外翻折	另外一侧也向外翻折，并置于餐盘上，爱心餐巾花折叠完毕	
图示				

爱心

（九）风车

序号	1	2	3	4
操作流程	将餐巾的4个角向中心点对齐，形成一个正方形	沿餐巾左右两侧向中心线对叠	餐巾底边向上叠至1/4处	餐巾底边向下叠至1/4处，再次形成一个小正方形
图示				

风车

续表

序号	5	6	7	
操作流程	将其中一个角从餐巾中抽出，形成一个风车叶片	相继抽出另外的风车叶片	将餐巾置于餐盘上，整理好四个叶片，风车餐巾花折叠完毕	
图示				

（十）海豹

海豹

序号	1	2	3	4
操作流程	将餐巾对叠形成三角形	将餐巾两侧向中心对叠，形成一个正方形，开口向上	再沿着餐巾封口端的顶点，将餐巾的两侧向中心线对叠	翻转餐巾后，将底部的小三角形向上翻折
图示				

序号	5	6	7	8
操作流程	将餐巾沿中线右对叠	打开餐巾底部的两侧，翻折形成海豹的两个鳍	将餐巾的顶点向下捏出海豹头	将餐巾放入盘中，整理成型，海豹餐巾花折叠完毕
图示				

（十一）春池浮荷

春池浮荷

序号	1	2	3	4
操作流程	将餐巾从4个顶点向中心点对叠，形成一个正方形	将正方形餐巾的4个顶点再次向中心点对叠，形成一个小正方形	翻转餐巾	再次从4个顶点向中心点对齐，形成正方形
图示				

续表

序号	5	6		
操作流程	从餐巾4个角将叶片向外翻折，形成花瓣	将4个花瓣依次向外拉出。将餐巾放入餐盘，春池浮荷餐巾花折叠完毕		
图示				

（十二）花团锦簇

序号	1	2	3	4
操作流程	将餐巾对叠，并使其形成2 cm的距离	再沿着中线对叠餐巾，形成一个长条形	随后将餐巾从底部以大约2 cm的间距进行推折	推折至餐巾顶部
图示				

花团锦簇

序号	5	6		
操作流程	捏紧餐巾底部，并套上餐巾扣，将上部分的花瓣向外翻折	将餐巾放入盘中，整理成型，花团锦簇餐巾花折叠完毕		
图示				

（十三）千纸鹤

序号	1	2	3	4
操作流程	将餐巾沿中线对叠，形成三角形	从三角形的一个角开始卷	卷至餐巾中线处，以1 cm左右的间距进行推折，留下大约8 cm	将留下的三角形向下翻折
图示				

千纸鹤

续表

序号	5	6	7	8
操作流程	继续推折餐巾直至餐巾末端	将餐巾左右对折，在对折过程中，注意攥紧餐巾	将餐巾底部套入餐巾扣	将餐巾放入盘中，整理成型，千纸鹤餐巾花折叠完毕
图示				

（十四）花束

花束

序号	1	2	3	4
操作流程	将餐巾沿中线对叠，形成一个长方形	将长方形两边向中间折，形成三角形	沿着餐巾中心线，将三角形左右分别向下翻折，形成一个小正方形	将最上面一片餐巾分别向左右翻折，形成一个 W 形
图示				
序号	5	6		
操作流程	从餐巾中间，以 2 cm 左右的宽度推折一次	从餐巾底部套入餐巾扣，将餐巾放入盘中，整理餐巾，花束餐巾花折叠完毕		
图示				

（十五）振翅高飞

振翅高飞

序号	1	2	3	4
操作流程	将餐巾沿对角线对叠，形成一个三角形	将三角形的顶点沿 1/2 处向下翻折	将左右两边餐巾分别沿中点处再次向下翻折	翻转餐巾，将突出的两部分三角形向下翻折，形成一个小三角形
图示				

续表

序号	5	6	7	
操作流程	从三角形底部 1/4 处向上折	将最底部的一层餐巾抽出来，形成飞机的翅膀	沿餐巾中线，折 2 cm 左右，放入盘中，振翅高飞餐巾花折叠完毕	
图示				

（十六）鸡冠花

序号	1	2	3	4
操作流程	将餐巾沿中线对叠后再对叠，形成一个正方形	从底部未开口的方向，向上按照 2 cm 左右的间距推折餐巾	推折完毕后，从中间位置对叠，并攥紧餐巾底部	在餐巾底部套入餐巾扣，整理好餐巾扇面，鸡冠花餐巾花折叠完毕
图示				

鸡冠花

（十七）招财进宝

序号	1	2	3	4
操作流程	将餐巾沿对角线对叠，形成一个三角形	沿底边，将左右两边餐巾向中心对叠，形成正方形	翻转餐巾，从中线对折餐巾，形成一个三角形	将餐巾左右两边再沿中线向中心对折，形成一个小正方形
图示				

招财进宝

序号	5			
操作流程	翻转餐巾，将上一层餐巾打开，成口袋状，招财进宝餐巾花折叠完毕			
图示				

（十八）兔子

兔子

序号	1	2	3	4
操作流程	将餐巾沿中线对叠成一个三角形	将餐巾两侧向中心对叠，形成一个正方形，开口向上	再沿着餐巾中线对叠，形成一个三角形	将左右两边的小三角形沿着餐巾中线向上翻折
图示				

序号	5	6	7	
操作流程	将餐巾翻转，并将底部突出的小三角形向后翻折	沿中线，再次对叠餐巾，并将最外层的餐巾向另一端用力拉，露出兔子的两只耳朵	将餐巾整理整齐，放入盘中，兔子餐巾花折叠完毕	
图示				

（十九）单荷花

单荷花

序号	1	2	3	4
操作流程	将餐巾对叠两次之后，形成一个正方形	以正方形开口端为顶点，左右两侧向中心对叠，形成两个小的三角形	将餐巾底部向上叠一个小三角形，顶部与上一步的三角形底线对齐	底部再次向上叠，使整个餐巾成一个等腰三角形
图示				

序号	5	6		
操作流程	将餐巾底部左右两边向中间卷，并塞入底部	将餐巾放入盘中，整理花的叶面，单荷花餐巾花折叠完毕		
图示				

二、精致杯花的折法

（一）大鹏展翅

序号	1	2	3	4
操作流程	将餐巾一角向对角叠，使与其上一层错落 3 cm 左右	将上一层餐巾沿 2/3 处向下翻折	将上一层餐巾的三角形再次向上翻折	将餐巾旋转 90°，从中线处以 2 cm 左右的间距，向左右两侧推折
图示				

序号	5	6		
操作流程	推折至两端各剩余 5 cm 左右，成为大鹏的翅膀	将餐巾放入杯中，并捏出大鹏的头部，大鹏展翅餐巾花折叠完毕		
图示				

大鹏展翅

（二）蝴蝶结

序号	1	2	3	4
操作流程	将餐巾沿中线对叠，餐巾形成长方形	将餐巾以长方左边向中线折三角形	将餐巾翻转后，从右侧向中线折三角形，使整个餐巾形成为一个三角形	攥紧两个小三角形的顶点，从餐巾中心向两侧拉，整个餐巾形成一个正方形
图示				

序号	5	6	7	8
操作流程	以正方形对角线为中心，以 2 cm 左右为间距向两侧推折餐巾	一只手攥住餐巾的中间位置	将餐巾弯折 90°，攥紧餐巾中间	将餐巾从右侧向中间卷至中间
图示				

蝴蝶结

续表

序号	9	10	11	12
操作流程	将底部卷好并包裹紧	将餐巾插入杯中，拉开叶片	将中间的相对的叶片交叉折叠	整理叶片，蝴蝶结餐巾花折叠完毕
图示				

（三）枯木逢春

枯木逢春

序号	1	2	3	4
操作流程	将餐巾对叠，使上下两层错落 1 cm 左右	从餐巾左侧折叠出一个三角形	沿着餐巾的三角形斜边向右卷，卷至餐巾的 3/5 位置处停止	卷至 3/5 左右后，开始用推折的手法
图示				

序号	5	6	7	8
操作流程	推折的过程中，注意宽度要均匀，形成均匀的褶皱，直至推折完毕	将餐巾左右对叠，注意形成落差。对折过程中，要捏紧餐巾	将餐巾放入杯中，整理成型，枯木逢春餐巾花折叠完毕	
图示				

（四）绣球花

绣球花

序号	1	2	3	4
操作流程	将餐巾的一个角翻折 1/4 左右后，再将顶部三角形翻折，使整个餐巾成钻石形	将餐巾旋转 180°，重复上一个步骤	将餐巾旋转 90°，双手从下部 1/3 处左右的位置以 1 cm 的间距向上推折。注意推折的过程中，要保持间距的均等	将餐巾推折至两边距离顶点 10 cm 左右
图示				

续表

序号	5	6	7	
操作流程	将餐巾沿中线向左右两边翻折，把花蕊露出，此时要注意攥紧餐巾的底部，以防止餐巾散开	从下向上，分别将散开的叶片向上拉，使各叶片在一个水平面	将餐巾放入杯中，将叶片向外整理，绣球花餐巾花折叠完毕	
图示				

（五）一枝独秀

序号	1	2	3	4
操作流程	将餐巾铺开，从底部开始以 1 cm 左右的间距进行推折	一直推折至中线，过程中注意均匀紧致	将餐巾的左右两个顶点对齐，形成两片树叶形状	从餐巾另一侧的顶点向中间卷，卷的过程中，底部要对齐
图示				

一枝独秀

序号	5	6		
操作流程	卷至两片树叶的中心	将餐巾放置杯中，整理叶面，一枝独秀餐巾花折叠完毕		
图示				

（六）欣欣向荣

序号	1	2	3	4
操作流程	将餐巾左右对叠后，再前后对叠，形成正方形	沿餐巾最上面的一层向上翻折	沿餐巾中线，左右推折	将餐巾左右呈 90°角左右弯曲，攥紧餐巾上部 1/3
图示				

欣欣向荣

续表

序号	5	6	7	8
操作流程	将餐巾底部向上卷	将卷后的餐巾包裹攥紧	将餐巾放入杯中，整理成型，欣欣向荣餐巾花折叠完毕	
图示				

（七）扇子

扇子

序号	1	2	3	4
操作流程	将餐巾对叠，形成一个长方形	从封口的一边，向内折 1/4 左右	旋转 90°，再从底部向上以 2 cm 左右的间距推折	推折完毕后，将餐巾放入杯中，整理成型，扇子餐巾花折叠完毕
图示				

（八）扬帆起航

扬帆起航

序号	1	2	3	4
操作流程	将餐巾沿中线对叠整齐，形成一个长方形，再对叠成正方形	餐巾从中间对叠成三角形，开口面在上一层，开口朝下	沿中线左右两边向中线对叠	将底部凸出的两个三角形往后翻折
图示				

序号	5	6		
操作流程	将餐巾沿中线对折，左手攥紧底部	右手将餐巾的船帆立起来，并调整好各片帆的角度，放入杯中，扬帆起航餐巾花折叠完毕		
图示				

（九）兔子花

序号	1	2	3	4
操作流程	将餐巾对叠形成一个长方形	将长方形一侧沿中线向上翻折，注意两边对齐	将餐巾另一侧也向上翻折，形成一个三角形	攥住三角形顶点，从餐巾中心向两侧拉，将其整理为正方形
图示				

序号	5	6	7	8
操作流程	从最上面的一层餐巾，向上翻折约 3 cm	翻转餐巾，另一侧也同样翻折 3 cm	从两侧的中线分别进行推折	将下部分的餐巾向中心聚拢
图示				

序号	9	10	11	12
操作流程	两侧分别向中心聚拢，攥紧餐巾上部分	餐巾的底部向上翻卷	餐巾卷至中间部分，包裹攥紧	将餐巾放入杯中，整理好兔子耳朵，兔子花餐巾花折叠完毕
图示				

兔子花

（十）幸运草

序号	1	2	3	4
操作流程	将餐巾沿中线对叠，形成长方形	将长方形两边向中线对叠形成三角形	从三角形餐巾的底部中心，向外拉开形成正方形	将餐巾外面两层分别向外翻折
图示				

序号	5	6	7	8
操作流程	沿餐巾开口方向，从中间以 2 cm 左右的距离推折	左右两边都推折完毕	攥住餐巾中间，将左右两边叶子打开	将另外两片叶子分别从下面向上绕一圈，整理后置入杯中，四叶草餐巾花折叠完毕

幸运草

续表

图示				

（十一）贵妃扇

贵妃扇

序号	1	2	3	4
操作流程	将餐巾沿中线对叠，形成一个长方形	将长方形的短边，向上以 2 cm 左右的间距推折	推折至餐巾末端	从餐巾的一端 1/3 处位置翻折，形成扇柄
图示				

序号	5			
操作流程	将餐巾放入杯中，整理成型，贵妃扇餐巾花折叠完毕			
图示				

（十二）雨后春芽

雨后春芽

序号	1	2	3	4
操作流程	将餐巾左右对叠后，再前后对叠，形成正方形	沿餐巾中心线，将餐巾一半推折	将剩余的三角形部分的餐巾一侧向下拉，与顶点对齐	将另一侧也向下拉，与顶点对齐
图示				

序号	5	6	7	8
操作流程	攥紧，将整个餐巾折叠约 90°	将餐巾从底部向上卷	将卷好的餐巾攥紧	将餐巾放入杯中，整理成型，雨后春芽餐巾花折叠完毕
图示				

三、非遗技艺——谢氏餐巾花折法

谢氏传统餐巾折花技艺是区级非物质文化遗产，谢氏餐巾折花采用推（主要用于折叠基础）、拉（主要用于整理成型）、折（主要用于折叠基础）、叠（主要用于折叠基础）、翻（主要用于整理成型）、卷（主要用于花卉造型）、捏（主要用于鸟头折叠）等手法，利用餐巾的边线、角等，把餐巾折成正方形、长方形、三角形等形状，再将一方小小餐巾变成孔雀、仙鹤、仙桃、牡丹、金鱼等造型，生动形象地展现在餐桌上，成为一方美谈。谢氏后人心灵手巧，特别是第四代传人谢廷富先生，在传承了家族技艺的基础上，先后师从行业大师邬月卿先生和陈述文先生，广采众家之长，使餐巾花花样逐步增多，达到1 000余种。本书收集了谢氏餐巾折花第四代传承人谢廷富先生以及第五代传承人李青女士的10款"谢氏餐巾花"。

（一）凤栖牡丹

序号	1	2	3	4
操作流程	将餐巾沿中线对叠形成一个长方形	在开口处沿长边的中下翻折一个角与对边齐平	对翻折的一边进行风琴叠折，留出1 cm左右的角向外折，并将另一侧沿对折线向下折叠	从餐巾斜边中部向两侧推折
图示				

凤栖牡丹

序号	5	6	7	8
操作流程	将齐平处向上，用拇指和食指攥住预留在外的三角，从中部缓慢拉出，形成凤头，将折叠处逐步分开，形成凤体	将餐巾尾部短边向上拉出，整理成凤尾	将尾部长边向上拉，卷成花朵状，并将两角向上拉，整理为两片叶子	放入杯中，整理各个棱角，凤栖牡丹餐巾花折叠完毕
图示				

（二）喜上眉梢

序号	1	2	3	4
操作流程	将餐巾沿对角线对叠形成一个三角形	在长边取一角沿长边向中间卷至1/3处	将剩下部分沿边线推折至末端	轻轻从卷的一侧拉出餐巾，形成柱状形树枝

喜上眉梢

续表

图示				
序号	5	6	7	8
操作流程	攥住餐巾中部,将尾部上面一角用捏的手法向上拉,整理成向树枝看的鸟头	将尾部另一角向上拉,整理成尾巴	将餐巾放入杯中后,将露出在杯口的三角处向上翻折,整理出一个弧形状	再次整理各棱角,喜上眉梢餐巾花折叠完毕
图示				

（三）四尾金鱼

四尾金鱼

序号	1	2	3	4
操作流程	将餐巾沿中线对叠,形成一个长方形	将对叠的餐巾再次沿长边中线对叠成一个正方形	从正方形对角线向两边推折	在餐巾 1/3 处,将开口端进行弯折,并放入杯中
图示				
序号	5	6		
操作流程	将餐巾短端折叠处用拇指和食指撑开整理成圆形,并向外翻折 0.5 cm 左右,形成张开的金鱼嘴	将餐巾长端从上向下向侧面展开,整理成金鱼尾巴,四尾金鱼餐巾花折叠完毕		
图示				

（四）回眸孔雀

回眸孔雀

序号	1	2	3	4
操作流程	将餐巾按照对角线对叠,再分成三等份对折,保证上边缘对齐	将上层三角从上至下进行梯度风琴式折叠,注意收尾处的三角向内折叠	将风琴折叠朝上,从中间向两侧推折	按推折折痕一一向外捏拉,将长边三角拉出形成孔雀尾巴

续表

图示				
序号	5	6		
操作流程	将中部向内折的三角缓慢拉出，形成孔雀身体，并捏出孔雀头，使其回看尾巴	将餐巾放入杯中，整理尾巴，使其挺括有型，回眸孔雀餐巾花折叠完毕		
图示				

（五）孔雀开屏

序号	1	2	3	4
操作流程	将餐巾对角放置，按风琴式先向外再向内将餐巾分成三等份，推折成三折	将最上面一层由下向上按风琴式逐步缩小成推叠，每层之间相差 1 cm 左右，最后三角要稍微小一点，并朝外	从中间向两端推折，注意尾部一定要挺括	从中间将预留的小三角缓慢拉出，捏出孔雀头，拉出孔雀身体
图示				
序号	5	6		
操作流程	将每一个风琴折，均以 45° 向下整理	将餐巾放入杯中，整理，向两侧将尾巴展开，孔雀开屏餐巾花折叠完毕		
图示				

孔雀开屏

（六）山茶花

山茶花

序号	1	2	3	4
操作流程	将餐巾对叠，形成一个长方形	将开口一面的两角对折，与底面齐平	再次向内进行对叠，注意已折好的部分在内部	将剩余的两角分别向外对折，注意4边齐平
图示				

序号	5	6	7	8
操作流程	将最外的两层向外翻折，注意两边角超出底边 1~2 cm	用中指和食指按住餐巾中间，从一侧按圆弧形向另一侧推折5折即可	将底部露出的三角向上收入折痕内，使底部平整	将餐巾放入杯中整理，外侧两层向外拉整理，内侧两层向外拉整理，形成叶子与花瓣，山茶花餐巾花折叠完毕
图示				

（七）心心相印

心心相印

序号	1	2	3	4
操作流程	将餐巾对叠，形成一个长方形	将两角向开口方向从内侧外侧分别进行折叠	从内侧进行翻折，形成内侧两角相对的正方形，并整理使开口处的边角平整	将外侧两边分别向外对叠，注意平整
图示				

序号	5	6	7	8
操作流程	从餐巾中间向两边推折	将最外侧的两角分别向上拉折，将剩余部分弯折放入杯中	用食指和拇指撑住外侧的两角，向外展开，形成叶子	将剩余的两角分别朝外翻开，整理成花蕊，注意错开整理，心心相印餐巾花折叠完毕
图示				

（八）孔雀漫步

序号	1	2	3	4
操作流程	将餐巾对叠，形成一个长方形	再次沿长边中线对叠餐巾	将最外面的一层按风琴式翻折两次，第3折为1 cm左右的小角	将其余3层向相反一侧对折，注意各边齐平
图示				

序号	5	6	7	8
操作流程	从中间向两边推折	从底部的一侧用捏的手法将折叠的一角缓慢拉出形成孔雀头和身子	将另一侧的最外层边缓慢拉出，形成尾巴，并将剩余部分收入各折痕中。注意拉的过程中不要破坏棱角和折痕	将餐巾放入杯中进行整理，孔雀漫步餐巾花折叠完毕
图示				

孔雀漫步

（九）锦簇绣球

序号	1	2	3	4
操作流程	将餐巾对叠，形成一个长方形	将开口两边从开口处分别向外折叠，折后注意三层形成一定梯次，相差0.5 cm左右	将最短边朝上，从一侧向另一侧推折，注意推折不能过大	将推折后的餐巾朝内卷，形成一个圆弧形，放入杯中
图示				

序号	5			
操作流程	将最外层向外翻折，最内层向内翻折，将接口处进行整理形成圆弧状，锦簇绣球餐巾花折叠完毕			
图示				

锦簇绣球

（十）牡丹花

牡丹花

序号	1	2	3	4
操作流程	将餐巾错开对叠	在长边的中线处进行再次对叠，并注意四角齐平	按两边为一组，分别向外侧翻折，与底部形成90°的角，注意三角错开	从中间向两侧推折，注意底部齐平
图示				

序号	5	6	7	
操作流程	放入杯中进行整理，将4层餐巾拉开，形成4片叶子	将顶部三角内撑开，使其外翻，再用食指和拇指将其整理为圆弧形花蕊	再次整体整理餐巾，使其挺括有型，牡丹花餐巾花折叠完毕	
图示				

✎ **项目小结**

　　本项目介绍了创新餐巾花的命名、创新方法、创新原则，讲解并演示了部分精致餐巾花的折法，最后通过非物质文化遗产"谢氏传统餐巾折花技艺"中的10款餐巾花，让大家在学习餐巾折花技法的同时，领略非遗文化的魅力和工匠大师精益求精的精神。

✎ **项目练习**

　　每年5月第二周，是我国职业教育活动周，目的是要在全社会弘扬劳动光荣、技能宝贵、创造伟大的时代风尚，形成"崇尚一技之长、不唯学历凭能力"的良好氛围。结合职业教育活动周的号召，通过访谈、网络查询等方式，学习所在地区的餐饮服务非遗大师、劳模工匠等，将他们的成长历程和技能绝活以短视频的形式记录下来，并进行模仿和学习。

参考文献

[1] 艾雪飞,王静,冉俊.餐巾折花[M].北京:化学工业出版社,2021.

[2] 王磊.古代人的衣食住行[M].北京:北京日报出版社,2024.

[3] 马钰坤.怀挡与清代宫廷饮食文化[J].大众文艺,2017(12):117-118.

[4] 谢强,谢廷富,周李华.宴会设计与服务[M].重庆:重庆大学出版社,2024.